# 原来数学可以这样学

## 可以这样学 马先生谈数学

刘薰宇 著

中国纺织出版社有限公司

# 内 容 提 要

　　本套书主要讲述日常生活中碰到的有关数学问题，讲万物皆数学，希望通过万物来学数学，使学数学变得更快速更有趣。作品在嬉皮笑脸中谈严肃的数学法则，说理浅明，深刻挖掘数学的内在趣味。作品所收录的都是作者从日常生活中随处拾来的数学文章，人们日常生活中有关枯燥、繁难、令人头痛的数学问题和算法，经过作者生动有趣地巧妙阐述，都变成趣味丰富、令人爱读的文字了，能够起到普及数学和建立数学兴趣爱好的作用。

**图书在版编目（CIP）数据**

原来数学可以这样学．马先生谈数学 / 刘薰宇著．
-- 北京：中国纺织出版社有限公司，2021.2
　　ISBN 978-7-5180-7749-6

　　Ⅰ．①原… Ⅱ．①刘… Ⅲ．①数学－青少年读物
Ⅳ．①O1-49

　　中国版本图书馆 CIP 数据核字（2020）第 148196 号

责任编辑：赵晓红　　责任校对：王蕙莹　　责任印制：储志伟

中国纺织出版社有限公司出版发行
地址：北京市朝阳区百子湾东里 A407 号楼　邮政编码：100124
销售电话：010—67004422　传真：010—87155801
http://www.c-textilep.com
中国纺织出版社天猫旗舰店
官方微博 http://weibo.com/2119887771
三河市延风印刷有限公司印刷　各地新华书店经销
2021 年 2 月第 1 版第 1 次印刷
开本：880×1230　1/32　印张：18.5
字数：367 千字　定价：112.00 元（全 3 册）

## 写在前面的话

　　我这本书最终能够脱稿，而且能够比较顺利地出版，能够与广大的读者见面，这让我感到欣慰和荣幸，这是我当初不敢奢望的事啊！

　　开始动笔写这本书时，还是在1936年的寒冬。特别是从1937年1月起，我就陆续按月在《中学生》上发表文章了，中间只有因为个人的原因间断过一、二期。按照我原来的计划，是想把内容写简略一些，初步计划1937年在《中学生》杂志上连载结束。

　　其实对于我个人，或者对于全中国，都是不能忘掉1937年的啊！大概在5月底，妻子突然患神经病，需要终日有人陪伴。我于是充当她的看护者，同时兼做三个孩子的保姆。

　　7月初，妻子渐渐地好起来了，我肩头上的担子也觉得轻松了一些。然而，抗战的第一炮，7月7日在卢沟桥的天空响起来。接着，上海的空气一天比一天紧张。

　　一方面，我察觉到抗战就快要展开了，如果一旦展开，期限一定比较长。另一方面，妻子的病虽然渐渐好转，但是要彻底治好，只有回到故乡。我们离开故乡已经有二十多年了，思乡多少也是病源之一。

　　在这种情况下，我决定带着妻子和我们的三个孩子，离开居住了十多年的上海，回到离别二十多年的故乡——贵阳。

8月10日，在十分紧张的气氛中，我们踏上了直奔重庆的客船。后来才知道，它是载客离开上海的最后一艘船。从上海到重庆，船要航行十多天，原来还想在船上断续写这本书。但是，一上船，就知道不行了。

乘客虽然不拥挤，然而要找一张台子写东西，却不可能了。到了汉口，"八·一三"事变的消息已经传到船上。好！这是中国唯一的出路啊！然而战争总是战争，我每天都专心注意无线电传来的消息。

到了重庆，因为交通的阻碍，暂时不能去贵阳，坐在旅馆中，也曾提笔续写过。但是一想到《中学生》必然停刊，出版界必然遭受沉重的打击，就把笔放下了。

回到贵阳后，一直不曾想到将它完成。直到1938年的冬季，正是武汉陷落的时期，丏尊兄写信给我，要我将它写完，说开明可以勉强出版。这自然使我很兴奋，但是这时我正准备去昆明，只好暂时放下。

到昆明住定以后，想动笔，却无从下手了。已经发表过的稿子，我没有保存，它的内容有些模糊了。所以写信给丏尊兄，请他设法寄一份《中学生》发刊过的稿子来。约定稿子一到就动手写。

稿子寄出的回信，虽然不久就收到了，而稿子到我的手里，却已经是1939年的夏季，距暑假已很近了。原计划决定在暑假中完成它。

暑假，回到贵阳，长长的三个月时间，竟然没有写一个字。原来，妻子和孩子们，在1938年9月25日敌机空袭贵阳后，就移往乡下。这时，一家八口人，只住两小间平房。挤，固不必说；

蚊虫、跳蚤，使我不能静坐十分钟。

　　秋后又到昆明。昆明，很好，天气就很好。然而，天天想着动手写，天天都只是想着而已。在这期间，曾听到有的《中学生》读者，到开明分店来问，《马先生谈数学》出版了没有？有一次，分店的同仁，还指着我向顾客说："这就是马先生。"惹得在场人哄堂大笑。从此我感到已负了一笔债，非赶快偿还不可。

　　寒假开始，便下了最大的决心，动起笔来。现在算是完成了，然而它能够这样完成，使我对于开明昆明分店的同仁，非常感激！

　　首先，在这期间，昆明的米价、菜价等一切物价，都涨得惊人，不但涨，有时还买不到。寄食于分店的我，居然不分心在柴米上，坐食现成，于这稿子的完成关系实在不小。

　　其次，自1939年12月以来，昆明警报频繁。有十几次，都是写着写着，警报一响，便收在篮里，提着跑到荒野。提着，提着！不是我自己提，我自己一个笨重的身体，空着手走，已有点儿吃力了，还提什么？提，都是分店的吕元章、韦芝堃以及杨炳炎三个人帮忙！事后想起来，虽是徒劳，但是他们的辛苦，我总觉得极为感谢！

　　这样小小的一点东西，经过三年多，而且有过不少的波折，今天居然完成了，我感到莫大的欣幸！

　　关于它的内容，我还想向读者很虔诚地说几句话。它有点像难题详解一类，然而对于这一类的书，我一向是反对的。这里面，固然收集了一百几十个题目加以解释，但我并不希望，有人单是为了寻找某一个题目的算法来翻阅它。这也许会令人失望的。

　　我写这书的动机，是在增进学数学的人对于数学的趣味。对于学习数学的态度，思索问题的途径，以及探究题目间的关系和变化，我很用心地去选择和计划表达它们的方法。我希望，能够给这没有生命的数学问题注入一点活力。

　　用图解法直接来解决算术问题，这不但便于观察和思索，而且还可使算术更贴近实际。图解，本来已沟通了代数和几何，成为解析数学的得力武器。

　　所以，如果从算术起，就充分地运用它，我想，这不但对于进修数学中的其他内容有着不少的帮助，而且对于学习理工科乃至于统计等，也是有益的。

　　我对于数学的态度，已散见于这本书中，一方面我认为人人应学，虽然不是说人人都要做数学专家。另一方面我认为人人都能学，虽然不是说人人都能成数学专家。

　　对于科学的问题，现在似乎没有一个人不承认它的巨大价值了，而对于中等程度的算术、代数、几何、三角、解析几何以及初等微积分等科学，简直是不可忽视的基础问题，一定要引起广大读者重视。谨以此书献给真正爱好数学的广大少年儿童读者朋友。

刘薰宇

1940年2月19日于昆明万松草堂后院

# 目 录

# 01 马先生的数学开场白

那是在学年成绩发布后不久，同学们还在对成绩议论纷纷。有一天下午，初中二年级的两个学生李大成和王有道，站在教员休息室的门口说开了。

李大成说："真危险，这次的数学平均只有59.5分，要不是四舍五入，就不及格了，又得补考了。你的数学真好，总有90多分、100分！"

王有道说："我的地理不及格，下学期一开学就得补考，这个暑假玩也玩不痛快了。"

李大成说："地理？很容易啊！"

王有道说："你自然觉得容易呀，我却真不行，看起地理来，总觉得死板板的，一点趣味也没有，无论勉强看了多少次，总是记不完全。"

李大成说："你的悟性好，所以记忆力不行，我死记东西倒还容易，要想解答数学题，那太难了，简直不知道从哪里想起。"

王有道说："所以，我主张文科和理科一定要分开，喜欢哪一科就专学哪一科，既能专心，也免得白费力气去弄些毫无趣味、又不相干的东西。"

李大成虽然没有回答，但是好像默认了这个意见。坐在教员休息室里，懒洋洋地看着报纸的数学教师马先生已然听见了他们谈话的内容。

李大成和王有道在班上都算是用功的，马先生对他们也有相当的好感。因此，想对他们的意见加以纠正，便叫他们到休息室里，带着微笑问李大成："你对于王有道的主张有什么意见？"

这一问，李大成直觉地感到马先生一定不赞同王有道的意见，但是他并没有领会到什么理由，因而犹豫了一阵回答道："我觉得这样更方便些。"

马先生微微摇了摇头，表示不同意："方便？也许你们这时年轻，在学校里的时候觉得方便，要是依照你们的意见去做，将来就会感到大大的不方便了。"

马先生接着说："你们要知道，初中的课程这样规定，是经过了若干年的经验和若干专家研究的。各科所教的都是做一个现代人不可缺少的知识，不但是人人必需，也是人人能领受的……"

虽然李大成和王有道平日对于马先生的学识和耐心教导很是敬仰，但是对于他说的这"人人必需"和"人人能领受"却是很怀疑。

不过两人的怀疑略有不同，王有道认为地理就不是人人必需的；而李大成却认为数学不是人人能领受的。当他们听了马先生的话后，各自的脸上都露出了不以为然的神气。

马先生接着对他们说："我知道你们不会相信我的话。王有道，是不是？你一定以为地理就不是必需的。"

王有道望一望马先生，没有回答。马先生接着说："但是你只要问李大成，他就不这么想。依照你对于地理的看法，李大成就会说数学不是必需的。你试着说说为什么人人都要学数学呢？"

王有道不假思索地回答："一来我们日常生活离不开数量的计算，二来它可以训练我们，使我们变得更加聪明。"

马先生点头微笑说："这话有一半对，也有一半不对。第一点，你说因为日常生活离不开数量的计算，所以数学是必需的。这话自然很对，但是看法也有深浅不同。"

马先生接着说："从深处说，恐怕不但是对数学没有兴趣的人不肯承认，就是你在你这个程度也不能完全认识，我们姑且丢开。就浅处说，自然买油、买米都用得到它，不过中国人靠一个算盘，懂得'小九九'，就活了几千年，何必要学代数呢？平日买油、买米哪里用得到解方程式呢？"

"我承认你的话是对的，不过同样的看法，地理也是人人必需的。从深处说，我们姑且也丢开，就只从浅处说。你总承认做现代的人，每天都要读新闻，如果你没有充足的地理知识，你读了新闻，能够真正懂得吗？"

"阿比西尼亚（埃塞俄比亚）在什么地方？为什么意大利一定要征服它？为什么意大利起初攻打阿比西尼亚的时候，许多国家要对它施以经济的制裁？到它后来征服了阿比西尼亚的时候，为什么又把制裁取消了呢？"

"再说，对于中国的处境，你们平日都很关心，但是所谓国难的成因，地理的关系也不少，所以真要深切地认识中国处境的危迫，没有地理知识也是不行的。"

"至于第二点，'数学可以训练我们，使我们变得更加聪明'，这话只有前一半是对的，后一半却是一种误解。"

"所谓训练我们，只是使我们养成一些做学问和事业的良好习惯。如注意力要集中，要始终如一，要不苟且，要有耐性，要有秩序等等。这些习惯，本来人人都可以养成，不过需要有训练的机会，学数学就是把这种机会给了我们。"

"但是切不可误解了，以为只是学数学有这样的机会。学地理又何尝不是呢？各种科学都是建立在科学方法上的，只是探索的对象不同。数学是科学，地理也是科学，只要把它当成一件事做，认认真真地学习，都可以养成许多好习惯。"

"只有说到使人变得聪明，一般人确实有这样的误解，以为只有学数学能够做到。其实，一个人初学数学的时候，思索一个题目的解法非常困难，随着学得越来越多，思索起来就越容易，这不过是逐渐熟练的结果，并不是什么聪明。"

"学地理的人，看地图和描地图的次数多了，提起笔来画一个国家地图的轮廓，形状大致可观，这不是初学地理的人能够做到的，也不是什么变得更聪明了。"

"你们总应该承认在初中文理分科是不妥当的吧！"马先生用这句话来做了结束语。

对于这些议论，王有道和李大成虽然不反对，但只认为是马先生鼓励他们对于各科都要用功的话。因为他们觉得有些科目性质不相近，无法领会，与其白费力气，不如索性不学。

尤其是李大成认为数学实在不是人人所能领受的，于是他向马先生提出这样的质问："数学，我也知道人人必需，只是性质不相近，一个题目往往一两个小时做不出来，所以觉得还不如把时间留给其他学科。"

"这自然是如此，与其费了时间，毫无所得，不如做点别的。王有道看地理的时候，他一定觉得毫无兴趣，看一两遍，时间费去了，仍然记不住，倒不如多演算两个题目。但是这都是偏见，学起来没有趣味，以致得不出什么结果，你们应当想，这不一定是科目的关系。"

"至于性质不相近，不过是一种无可奈何的说明，人的脑细胞并没有分成学数学和学地理两种。据我看来，学起来不感兴趣，便常常不去亲近它，因此越来越觉得和它不能相近。至于学着不感兴趣，大概是不得其门而入的缘故，这是学习方法的问题。"

"就拿地理说，现在是交通极发达、整个世界息息相通的时代，用新闻报纸来作引导，我想，学起来津津有味，也就容易记住了。日本和苏俄不是常常发生边界冲突吗？把地图、地理教科书和这则新闻对照起来读，就活泼有趣了。"

"又如，中国参加奥林匹克运动会的选手的行程，不是从上海出发起，每到一处都发来电报和通信吗？如果是一面读电报，一面用地图和地理教科书作参证，那么从中国到德国的这条路线，你就可以完全明了而且容易记牢了。"

"用现时发生的事件来作线索去读地理，我想这正和读《西游记》一样。你读《西游记》不会觉得枯燥、无趣，读了以后，就知道从中国到印度在唐朝时要经过什么地方。这只是举例的说法。"

"《西游记》中有唐三藏、孙悟空、猪八戒，中国参加世运团中有院长、铁牛、美人鱼，他们的行程记不正是一部最新改编版的《西游记》吗？'随处留心皆学问'，这句话用到这里，再确切不过了。"

"总之，读书不要过于受到教科书的束缚，那就不会枯燥无味，才可以得到鲜活的知识。"

王有道听了这番话，脸上露出心领神会的表情，快活地问道："那么，学校里教地理为什么要用一本死板的教科书呢？如果每次用一段新闻来讲不是更好吗？"

"这是理想的办法，但是事实上有许多困难。地理也是一门科学，它有它的体系，新闻所记录的事件，并不是按照这个体系发生的，所以不能用它作为材料来教授。"

"一切课程都是如此，教科书的内容是有体系的基本知识，是经过提炼和组织的，所以是死板的，和字典、辞书一样。求得鲜活知识要以当前所遇见的现象作线索，而用教科书作参证。"

李大成原是对地理有兴趣而且成绩很好，听到马先生这番议论，不禁心花怒放，但是同时也有一个疑问。他感到困难的数学，照马先生的说法，自然是人人必需，无可否认的了。

但是，怎样才是人人能领受的呢？怎样可以用活泼的现象作为线索去学习呢？难道碰见一个龟鹤算的题目，硬要去捉些乌龟、白鹤摆来看吗？并且这样的傻事，他也曾经做过，但是一无所得。

李大成计算"大小二数的和是30，差是4，求二数"这个题目的时候，曾经用30个铜板放在桌上来试验。先将4个铜板放在左手里，然后两手同时从桌上把剩下的铜板一个一个地拿到手里。到拿完时，左手是17个，右手是13个，因而他知道大数是17，小数是13。

但是李大成不能从这试验中写出算式（30－4）÷2＝13和13＋4＝17来。他知道马先生对于学习地理的意见是非常好的，可为什么没有同样的方法指导他们学习数学呢？

李大成于是就向马先生提出了这个疑问："地理，这样学习，自然人人可以领受了，难道数学也可以这样学吗？"

"可以，可以！"马先生毫不犹豫地回答，"不过内在相同，情形各异罢了。我最近正在思索这种方法，已经略有所得。好！就算我跟你们做一次试验吧！"

"今天我们谈话的时间很久了，好在你们和我一样，暑假中都不到什么地方去，以后我们每天来谈一次。"

"我觉得学数学需要弄清楚算术，所以我现在注意的全是学习解答算术问题的方法。算术的基础打得好，对于数学自然有兴趣，进一步去学代数、几何也就不难了。"

从这次谈话的第二天起，王有道和李大成还约了几个同学，每天都来听马先生讲课。以下便是李大成的笔记，并经过他和王有道斟酌、修正。

# 02 从一个数量到两个数量

学习一种东西，首先要端正学习态度。现在有些人学习，只是用耳朵听老师讲，把讲的内容牢牢记住。用眼睛看老师写，用手照抄下来，也牢牢记住。

这正如拿着口袋到米店去买米，付了钱，让别人将米倒在口袋里，自己背回家就完事大吉一样。把一袋米放在家里，肚子就不会饿了吗？

买米的目的，是把它做成饭，吃到肚里，将饭消化了，吸收生理上所需要的，将不需要的污秽排泄。所以饭得自己煮，自己吃，自己消化，营养得自己吸收，污秽得自己排泄。老师所能给予学生的，只是生米和煮饭的方法。

学习和研究这两个词，大多数人都在乱用。读一篇小说，就是在研究文学，这是错的。不过学习和研究态度应当一样。研究应当依照科学方法，学习也应当依照科学方法。所谓科学方法就是从观察和实验中收集材料，加以分析、综合整理。

数学，就初等范围内说，离不开数和量，而数和量都是抽象的。两条板凳和三支笔是具体的，"两条""三支"以及"两"和"三"全是抽象的。抽象的，是无法观察和实验的。然而为了学习，我们不妨开一个简便法门，将内容具体化。

昨天我4岁的小女儿跑来向我要五个铜板，我忽然想到测试她认识数量的能力，先只给她三个。她说只有三个，我便问她还差几个。于是她把左手的五指伸出来，右手将左手的中指、无名指和小指捏住，看了看，说差两个。

这就是数量表达的简便法门，不仅是小孩子学习数学的基础，也是人类建立全部数学的基础，我们所用的不是十进数吗？

用指头代替铜板，也可以用指头代替人、马、牛，然而指头只有十个，分属于两只手，所以第一步就用两只手到用一只手，将指头屈伸着或作种种形象以表示数。不过数大了仍旧不方便。

于是后来进化到用笔涂点子来代替手指，到这一步自然能表出的数更多了。不过点子太多也很难一目了然，而且在表示数和数的关系时更不方便。因为这样，有必要将它改良。

既然可以用"点"来作具体地表出数的简便法门，当然也可以用线段来代替"点"。严格地说，画在纸上，"点"和线段其实是一样的。用线段来表示数量，首先很容易想到这样两种形式：

第一，一，二，三，…和…，｜，‖，⫼，…这和"点"一样不方便，应该再加以改良。

第二，不妨将一条条等长的线段连结成为一条长线段，成为竖的或横的。用多长的线段表达1，这是个人的绝对自由。

所以只要在纸上画一条长线段，再在线段上随便画一点算是起点0，再从起点0起，依次取等长线段便得1，2，3，4，…

这是数量的具体表达的简便法门。有了这个简便法门，算术上的四个基本法则，都可以用画图来计算了。

第一，加法，这用不着说明，如图1所示，便是5+3=8。

图 1

第二，减法只要把减数反向画就可以了，如图2所示，便是8-3=5。

图 2

第三，乘法本来就是特殊加法的简便方法，所以和加法的画法相似，只需所取被乘数的段数和乘数的相同。不过有小数时，需要参照除法的画法才能将小数部分画出来。如图3，便是5×3=15。

图 3

第四，除法，这要用到几何画法中等分线段的方法。如图4所示，便是15÷3＝5。

图 4

图中表示除数的线是任意画的，画好后从0起在上面取等长任意三段01、12、23，再将3和15连起来，经过1画一条线和它平行，这线正好通过5，5就是商数。

懂了四则运算基础画法了吗？两个数几种关系的具体表示法，用两条十字交叉的线，每条都表示一个数量，那交点就算是共通起点0，这样来源相同，趋向个别法门，倒是一件好玩事情。

第一，差是一定的两个数量的表示法：

例如：哥哥13岁，弟弟10岁，哥哥比弟弟大几岁？

如图5所示，用横线段表示弟弟的年龄，竖线段表示哥哥的年龄，他俩差3岁，就是说哥哥3岁的时候弟弟才出生，因而得$A$。但是哥哥13岁的时候弟弟是10岁，所以竖的第10条线和横的第13条是相交的，因而得$B$。由图5上的各点横竖一看，便可知道：

① 哥哥几岁（例如5岁）时，弟弟若干岁（2岁）。

② 哥哥、弟弟年龄的差总是3岁。

图 5

③ 哥哥6岁时，年龄是弟弟的2倍。

……

第二，和是一定的两个数量的表示法：

例如：张老大、宋阿二两个人分15块钱，张老大得9块，宋阿二得几块？

如图6所示，用横线段表示宋阿二得的钱，竖线段表示张老大得的钱。张老大全部拿去，宋阿二便两手空空，因得A点。反过来，宋阿二全部拿去，张老大便两手空空，因而得B点。由这线上的各点横竖一看，便知道：

① 张老大得9块的时候，宋阿二得6块。

② 张老大得3块的时候，宋阿二得12块。

……

图 6

第三，一个数量是一个数量一定倍数的表示法：

例如：一个小孩子每小时走2里路，3小时走多少里呢？

如图7所示，用横的线段表示里数，竖的线段表示时数。第一小时走了2里，因而得A点；第二小时走了4里，因而得B点。由这线上的各点横竖一看，便可知道：

① 3小时走了6里。

② 4小时走了8里。

图 7

# 03 交差问题的解答方法

"昨天讲的最后三个例子，你们总没有忘掉吧！如果是这样健忘，那就连吃饭、走路都学不会了。"马先生一走进门，还没立定，笑嘻嘻地这样开场。大家自然只是报以微笑。于是，马先生口若悬河地开始这一课的讲演。

昨天讲的最后三个例子，图上都是一条直线，各条直线都表示了两个量间所保有的一定关系。从直线上的任意一点，往横看又往下看，马上就知道了，合于某种条件的甲量在不同的时间是多少，乙量又是怎样。

如图7，已知每小时走2里这个条件，4小时便走了8里，5小时便走了10里。

这种图，对于我们当然很有用。比如说，你有个弟弟，每小时可走6里路，他出门去了。你如果照样画一张图，他离开你后，你坐在屋里，只要看看表，他走了多久，再看看图，就可以知道他离你有多远了。

如果你还清楚这条路沿途的地名，你当然可以知道他已到了什么地方，还要多长时间才能到达目的地。如果他走后，你突然想起什么事，需得关照他，正好有长途电话可用，你岂不是很容易找到打电话的时间和通话的地点吗？

这是一件很巧妙的事，已落了无巧不成书的老套。古往今来，有几个人碰巧会遇见这样的事？这有什么用场呢？你也许要这样问。

然而这只是一个用来打比方的例子，按照这样推想，我们一定能够绘制出一幅地球和月亮运行的图吧。从这上面，岂不是在屋里就可以看出任何时候地球和月亮的相互位置关系吗？这岂不是有了孟子所说的"天之高也，星辰之远也，苟求其故，千岁之日至，可坐而致也"那副神气吗？

数学的野心，就是想把宇宙间的一切法则，统括在几个式子或几张图上。按现在说，这似乎是犯了夸大狂的说法，姑且丢开，转到本题。

算术上计算一道题，除了混合比例那一类以外，总只有一个解答，这解答靠昨天所讲过的那种图，可以得出来吗？

当然可以，我们不是能够由图上看出来，张老大得9块钱的时候，宋阿二得的是6块钱吗？

不过，这种办法对于这样简单的题目虽是可以得出来，遇见较复杂的题目，就很不方便了。比如，将题目改成这样：

张老大、宋阿二分15块钱，要使得张老大比宋阿二多得3块，应该怎样分呢？

当然我们可以这样老老实实地去把解法找出来：

张老大拿15块的时候，宋阿二1块都拿不到，相差的是15块。张老大拿14块的时候，宋阿二可得1块，相差的是13块……

这样一直看到张老大拿9块，宋阿二得6块，相差正好是3块，这便是答案。这样的做法，就是对于这个很简单的题目，也需做到六次，才能得出答案。比较复杂的题目，或是题上数目较大的，那就不胜其烦了。

老老实实的办法，就不是好办法！所以算术上的解法必须更巧妙一些。这样，就来讲交差原理。

我们假设，两个量间有一定的关系，可以用一条线表示出来。那么像刚刚举的这个例题，就包含两种关系：第一，两个人所得钱的总和是15块；第二，两个人所得钱的差是3块。当然每种关系都可画一条线来表示。

所谓一条线表示两个数量的一种关系，准确地说，就是：无论从那条线上的哪一点，横看和竖看所得的两个数量都有同一的关系。

假如，表示两个数量的两种关系的两条直线是交叉的，那么，相交的地方当然是一个点。由这一点横看竖看所得出的两个数量，既保有第一条线所表示的关系，同时也就保有第二条线所表示的关系。

换句话说，便是这两个数量同时具有题上的两个关系。这样的两个数量，当然是题上所要的答案。试将前面的例题画出图来看，就会非常明了，如图8所示。

第一个条件，"张老大、宋阿二分15块钱"，这是两人所得钱的和一定，用线表示来，便是$AB$。

第二个条件，"张老大比宋阿二多得3块钱"，这是两人所得钱的差一定，用线表示来，便是$CD$。

$AB$和$CD$相交于$E$，就是$E$点既在$AB$上，同时也在$CD$上，所以两条线所表示的条件，它都满足。

由*E*横看过去，张老大得的是9块钱；竖看下来，宋阿二得的是6块钱。正好，9块加6块等于15块，就是直线*AB*所表示的关系。而9块比6块多3块，就是直线*CD*所表示的关系。*E*点正是本题的解答。

图 8

"两线的交点同时包含着两线所表示的关系。"这就是交差原理。

顺水推舟，再补充几句。假如两线不止一个交点怎么办？那就是不止一个答案。不过，以后连续的若干次讲演中都不会遇见这种情形。

两线没有交点怎样？那就是没有解答。没有解答还能成题吗？不客气地说，这题不可能。所谓不可能，就是照题上所给的条件，它所求的答案是不存在的，如图9所示。

图 9

比如，前面的例题，第二个条件，换成"张老大比宋阿二多得16块钱"，画出图来，两直线便没有交点。事实上，两个人分15块钱，无论怎样，都不会有一个人比别一个人多得16块的情形。

教科书上的题目，是为了学习的人方便练习而编，所以都会得出答案。但是到了实际生活中，就得注意题目是否可能，假如不可能，要解释这不可能的理由，都是学习数学的人应当做的工作。

# 04 和与差的简单算法

例一：大小两数的和是17，差是5，求两数。

马先生侧着身子在黑板上写了这么一道题，转过来对着听众，两眼向大家扫视了一遍。

"周学敏，这道题你会算了吗？"周学敏也是一个对于学习数学感到困难的学生。

周学敏站起来，回答道："这和前面的例子是一样的。"

"不错，是一样的，你试将图画出来看看。"

周学敏很规矩地走上讲台，迅速在黑板上将图画了出来。

马先生看了看，问："得数是多少呢？"

"大数是11，小数是6。"

虽然周学敏得出了这个正确的答案，但是他好像不是很满意，回到座位上，两眼迟疑地望着马先生。

马先生觉察到了，问："你还放心不下什么？"

周学敏立刻回答道："这样画法是懂得了，但是这个题的算法还是不明白。"

马先生点了点头说："这个问题很有意思。不过你们应当知道，这只是算法的一种，因为它比较具体而且可以依据一定的法则，所以很有价值。由这种方法计算出来以后，再仔细地观察、推究算术中的计算法，有时便可得出来。"

如图10所示，*OA*是两数的和，*OC*是两数的差，*CA*便是两数的和减去两数的差，*CF*恰是小数，又是*CA*的一半。因此就本题来说，便得出：

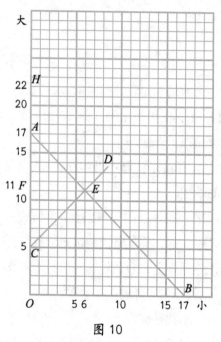

图 10

$(17-5) \div 2 = 12 \div 2 = 6$（小数）

$$\underbrace{OA \quad OC}_{CA} \qquad CA \qquad CF$$

$6 + 5 = 11$（大数）

$$CF \quad OC \quad OF$$

*OF*既是大数，*FA*又等于*CF*，若在*FA*上加上*OC*，就是图中的*FH*，那么*FH*也是大数，所以*OH*是大数的2倍。由此，又可得到下面的算法：

$$（17+5）÷2=22÷2=11（大数）$$

$$\underset{OH}{\underline{OA\ AH}} \qquad OH \qquad OF$$

$$11-5=6（小数）$$

$$OF\ \ OC\ \ CF$$

记好了*OA*是两数的和，*OC*是两数的差，由这推导，还可得出这类题的一般的公式来：

（和＋差）÷2＝大数，大数－差＝小数

或

（和－差）÷2＝小数，小数＋差＝大数

**例二：** 大小两数的和为20，小数除大数得4，大小两数各是多少呢？

这道题的两个条件是：

（1）两数的和为20，这便是和一定的关系；

（2）小数除大数得4，换句话说，便是大数是小数的4倍，倍数一定的关系。

如图11所示，由（1）得图中的*AB*，由（2）得图中的*OD*。*AB*和*OD*交于*E*。由*E*横看得16，竖看得4。大数16，小数4，就是所求的解答。

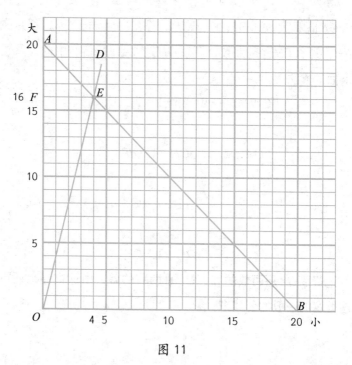

图 11

"你们试着由图上观察，发现本题的计算法，和计算这类题的公式。"马先生一边画图，一边说。

大家都睁着双眼盯着黑板，还算周学敏勇敢："OA是两数的和，OF是大数，FA是小数。"

"好！FA是小数。"马先生好像对周学敏的这个发现感到惊异，"那么，OA里一共有几个小数？"

"5个。"周学敏说。

"5个？从哪里来的？"马先生有意地问。

"OF是大数，大数是小数的4倍。FA是小数，OA等于OF加上FA。4加1是5，所以有5个小数。"王有道回答。

"那么，本题应当怎样计算呢？"马先生。

"用5去除20得4，是小数；用4去乘4得16，是大数。"马先生解答后，静默了一会儿，提起笔在黑板上一边写，一边说："要这样，在理论上才算完全。"

$20 \div (4 + 1) = 4$ 为小数，

$4 \times 4 = 16$ 为大数。

马先生接着又问："公式呢？"

大家差不多一同说："和÷（倍数＋1）＝小数，小数×倍数＝大数。"

例三：大小两数的差是6，大数是小数的3倍，求两数。

马先生将题目写出以后，一声不响地随即将图画出，如图12所示，便问：

"大数是多少？"

"9！"大家齐声回答。

"小数呢？"

"3！"也是众人一齐回答。

图 12

"在图上，*OA*是什么？"

"两数的差。"周学敏答道。

"*OF*和*AF*呢？"

"*OF*是大数，*AF*是小数。"我抢着说。

"*OA*中有几个小数？"

"3减1个！"王有道不甘示弱地争着回答。

"周学敏，这题的算法怎么样？"

"$6\div(3-1)=6\div2=3$（小数），$3\times3=9$（大数）。"

"李大成，计算这类题的公式呢？"马先生表示默许以后说。

"差÷（倍数−1）=小数，小数×倍数=大数。"

例四：周敏和李成分32个铜板，周敏得的比李成得的3倍少8个，各得几个？

马先生在黑板上写完这道题目，板起脸望着我们，大家不禁哄堂大笑，但是不久就静默下来，望着他。

马先生："这回，老文章有点难套用了，是不是？第一个条件两人分32个铜板，这是'和一定的关系'，这条线自然容易画。第二个条件却是含有倍数和差，困难就在这里。王有道，表示这第二个条件的线怎样画法？"

王有道有些为难了，紧紧地闭着双眼思索，右手的食指不停地在桌上画来画去。

马先生说："西洋镜戳穿了，原是不值钱的。只要想想昨天讲过的三个例子的画线法，本质上毫无分别。现在不妨先来解决这样一个问题，'甲数比乙数的2倍多3个'，怎样用线表示出来？"

"连结它们成一条直线，现在仍旧可以依样画葫芦。用横线表示乙数，纵线表示甲数。"如图13所示。

"甲比乙的2倍多3个，若乙是0，甲就是3，因而得A点。若乙是1，甲就是5，因而得B点。"

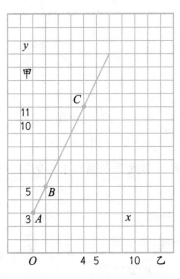

图 13

"现在从AB上的任意一点，如C，横看得11，竖看得4，不是正合条件吗？"

"如果将表示小数的横线移到3x，对于3x和3y来说，AB不是正好表示两数定倍数的关系吗？"

"明白了吗？"马先生很庄重地问。

大家只以沉默表示已经明白。接着，马先生又问："那么，表示'周敏得的比李成得的3倍少8个'，这条线怎么画？周学敏来画画看。"

大家又笑一阵。周学敏在黑板上画出图14：

图 14

"由这图看来，李成一个铜板不得的时候，周敏得多少？"马先生问。

"8个！"周学敏回答。

"李成得几个呢？"

"11个！"有一个同学回答。

"那岂不是文不对题吗？"这一来大家又呆住了。

毕竟王有道的数学好，他说："题目上是'比3倍少8'，不能这样画。"

"照你的意见，应当怎么画？"马先生问王有道。

"我不知道怎样表示'少'？"王有道说。

"不错，这一点需要特别注意。现在大家想，李成得3个的时候，周敏得几个？"

"1个！"

"李成得4个的时候呢？"

"4个！"

"这样$A$、$B$两点都得出来了，连结$AB$，对不对？"（见图15）

"对！"大家露出有点得意忘形的神气，拖长了声音这样回答，惹得马先生也笑了。

图 15

"再来变一变戏法，将$AB$和$OY$都向相反方向拉长，得交点$E$。$OE$是多少？"

"8！"

"这就是'少'的表示法，现在归到本题。"马先生接着画出了图16。

"各人得多少？"

"周敏22个，李成10个！"周学敏回答。

"算法呢？"

"（32+8）÷（3+1）=40÷4=10是李成得的数。

10×3-8=30-8=22是周敏得的数。"我说。

"公式是什么？"

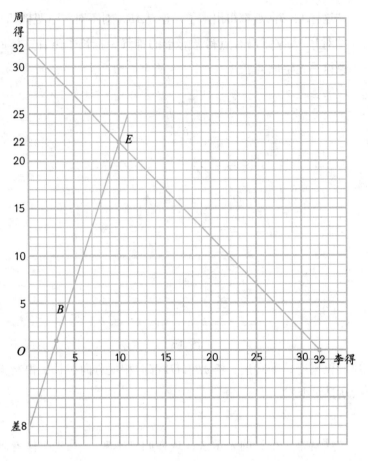

图 16

这时，好几个人回答："（总数＋差数）÷（倍数＋1）＝小数，小数×倍数－差数＝大数。"

例五：两数的和是17，大数的3倍与小数的5倍的和是63，求两数各是多少？

"我用这个题来结束这第四段。你们能用画图的方法求出答案来吗？各人都自己算算看。"马先生写完题后这么说。

跟着，每个人都用铅笔、三角板在方格纸上画。方格纸是马先生预先叫大家准备的。奇怪的是每人都比平常上课还用心。

同样都是学习，为什么有人被强迫着，反而总是想偷懒；有的人没人强迫，比较自由，倒是非常用心。这真是一个谜啊！

和小学生交语文作业给老师看，期望着老师说一声"好"，便回到座位上誊正一般，大家先后画好了拿给马先生看。这也是奇迹，八九个人全没有错，而且画完的时间相差也不过两分钟。

这使马先生感到愉快，从他脸上表情可以看出来。不用说各人的图，除了线有粗细以外，全是一样，好像印版印的一样。

大家回到座位上坐下来，静候马先生讲解。他却不讲什么，突然问王有道："王有道，这道题用算术的方法怎样计算？你来给我代课，讲给大家听。"马先生说完了就走下讲台，让王有道去做临时老师。

王有道虽然有点腼腆，但是最终还是拖着脚上了讲台，拿着粉笔，硬是做起先生来。

"两数的和是17，换句话说，就是：大数的1倍与小数的1倍的和是17，所以用3去乘17，得出来的便是：大数的3倍与小数的3倍的和。"

"题目上第二个条件是大数的3倍与小数的5倍的和是63。所以，如果从63里面减去3乘17，剩下来的数里，只有'5减去3'个小数了。"王有道很神气地说完这几句话后，便默默地在黑板上写出下面的式子，写完低着头走下讲台。

$(63-17×3)÷(5-3)=12÷2=6$ 为小数，

$17-6=11$ 为大数。

马先生接着上了讲台："这个算法，你们大概都懂吧？我想你们依前几个例子，一定要问：'这个算法怎样从图17可以观察出来呢？'这却把我难住了。我只好回答这是没有法子的。"

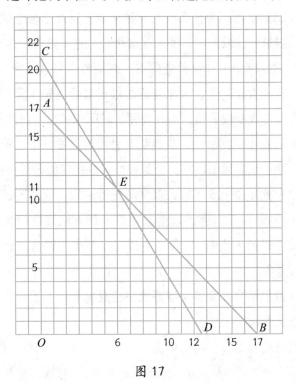

图 17

"你们已学过了代数，知道用方程式来解算术中的四则问题。有些题目也可以由方程式计算，找出算法，并且对于那算法加以解释。但是有些题这样做很勉强，各种方法都有各自立场，不能和前几个例子一样，由图上找出计算法，也就因为这个。"

"不过，这种方法比较具体而且确定，所以用来解决问题比较方便。用它虽有时不能直接得出算术计算法来，但是一个题已有了答案总比较易于推敲。对于算术的思索也是一种好处。"

"这一课就这样结束吧！"

# 05 简单算时针与分针

"这次讲一个莫名其妙的题目。"说完，马先生在黑板上写出一例：时钟的时针和分针，在2时和3时之间，什么时候重合在一起？

我知道这个题，王有道确实是会算的，但是很奇怪，马先生写完题目以后，他却一声不吭。后来下了课，我问他，他的回答是："会算是会算，但听听马先生有什么别的讲法，不是更有益处吗？"

我听了他的这番话，不免有些惭愧，对于我已经懂得的东西，往往不喜欢再听先生讲，这着实是个缺点。

"这题的难点在哪里？"马先生问。

"两根针都是在钟面上转，分针转得快，时针转得慢。"我大胆地回答。

"不错！不过，你们只要仔细想一想，便没有什么困难的了啊！"

马先生这样回答，并且接着说："无论是跑圆圈，还是跑直路，总是在一定的时间内，走过了一定的距离。而且，时钟的这两根针，好像受过严格训练一样，在相同的时间内，各自所走的距离总是一定的。"

在物理学上，这叫作等速运动。一切的运动法则都可用速度、时间和距离这三项的关系表示出来。在等速运动中，它们的关系是：距离＝速度×时间。

现在根据这一点，将本题探究一番。

"李大成，你说分针转得快，时针转得慢，你是怎么知道的呢？"马先生向我提出这样的问题，惹得大家都哄堂笑了起来。当然，这是看见过时钟走动的人都知道的，当然不是什么问题。

不过马先生特地提出来，我倒不免有点发呆了。怎样回答好呢？最终我大胆地答道："看出来的！"

"当然，不是摸出来的，而是看出来的了！不过我的意思，单说快慢，未免太笼统些，我要问你，这快慢，是怎样比较出来的？"

"分针1小时转60分钟的距离，时针只转5分钟的距离，分针不是比时针转得快吗？"

"这就对了！但是我们现在知道的是分针和时针在60分钟内所走的距离，那么它们的速度是怎么样呢？"马先生望着周学敏。

"用时间去除距离，就会得到速度。分针每分钟转1分钟的位置，时针每分钟只转$\frac{1}{12}$分钟的位置。"周学敏答道。

"现在，两只针的速度都已知道了，暂且放下。再来看题上的另一个条件，正午两点钟的时候，分针距时针多远？"

"10分钟的差距！"四五个人一同回答。

"那么，这题目和赵阿毛在赵小毛的前面10里，赵小毛从后面追他，赵小毛每小时走1里，赵阿毛每小时$\frac{1}{12}$里，几时可以赶上？有什么区别？"

"一样！"真正是众口一词。

这样推究的结果，我们不但能够将图画出来，如图18所示。
并且，算法也非常明晰了：

图 18

$$10 \div \left( 1 - \frac{1}{12} \right) = 10 \div \frac{11}{12} = \frac{120}{11} = 10\frac{10}{11}$$

马先生说，这类题的变化并不多，要我们各自作一张图，
表出：从0时起，到12时止，两根针各次相重的时间，如图19所
示。自然，这只要将前图扩充一下就行了。但在我将图画完，仔
细玩赏一番后，觉得数学真是一门有趣味的科目。

图 19

马先生提出的第二例是：时钟的两针在2时和3时之间，什么时候成一个直角？

马先生叫我们大家将这题和前一题比较，提出要点来，我们都只知道一个要点：那就是两根针成一直角的时候，它们的距离是15分钟。

后来经过马先生的各种提示，又得出第二个要点：如图20所示，在2时和3时之间，两根针要成直角，分针得赶上时针同它相重，这是前一题，再超过它15分钟。

图 20

这样一来，我们都明白了。作图的方法，只是在例一的图上增加一条和AB平行的线FG和CD交于H，便指示出我们所要的答案了。

这理由也很清晰明了，FG和AB平行，AF相隔15分钟的位置，所以FG上的各点垂直画线下来和AB相交，则FG和AB间的各线段都是一样长，表示15分钟的位置，所以FG便表示距分针15分钟的位置的线。

至于算法，那更是容易明白了。分针先赶上时针10分钟，再超过15分钟，一共自然是分针需要比时针多走10＋15分钟，所以：

$$(10+15) \div \left(1-\frac{1}{12}\right) = 25 \div \frac{11}{12} = 25 \times \frac{12}{11} = \frac{300}{11} = 27\frac{3}{11}$$

这便是答案。

这些，在马先生问我们的时候，我们都回答出来了。虽然是这样，但对于我，实在是一个谜。为什么我们平时遇到一个题目不能这样去思索呢？这几天，我心里都怀着这个疑问，得不到答案。

如果我们这样寻根究底地推想，还有什么题目做不出来呢？我也曾问过王有道这个问题，但他的回答，使我很不满意甚至生气。他只是轻描淡写地说："这叫作'难者不会，会者不难。'"

难道世界上的人生来就有两类：一类是对于数学题目，简直不会思索的"难者"；一类是对于数学题目，不用费心思索就解答出来的"会者"吗？

真是这样，学校里设数学这一科目，对于前者，便是白费力气；对于后者，便是多此一举！这和马先生的议论也未免矛盾了！怀着这疑问，有好几天了！

从前，我也是用性质相近、不相近来解释的，而我自己，当然自居于性质不相近之列。但马先生对于这种说法持否定态度，我虽不敢成为否定论者，至少也是怀疑论者了。怀疑！怀疑！怀疑只是过程！最后总应当有个不容怀疑的结论呀！这结论是什么？

我想马先生一定可以给我们一个确切的回答。我怀着这样的期望，屡次想将这个问题提出来，静候他的回答，但是都因为缺乏勇气，最终不敢提出。

今天，我终于忍不住了。题目的解答法，一经道破，真是"会者不难"，为什么别人会这样想，我们不能呢？

我斗胆问马先生："为什么别人会这样想，我们却不能呢？"

马先生笑容满面地说："好！你这个问题很有意思！现在我来跑一次野马。"马先生跑野马！真是惹得大家哄堂大笑！

"你们知道小孩子走路吗？"这话问得太不着边际了，大家只好沉默不语。

他接着说："小孩子不是一生下来就会走路的，他先是自己不能移动，随后再练习站起来走路。一般小孩2岁就会无所倚傍地直立步行了。"

"但是，你们要知道，直立步行是人类一大特点。现在小孩子能够走得这么早，一半是遗传因素，而一半却是因为有一个学习的环境，一切他所见到的别人的动作，都是他模仿的样品。"

"一切文化的进展，正和小孩子学步一样。一种题目的解决，就是一个发明。发明这件事，说它难，它真难，一定要发明点什么，这是谁也没有把握能够做到的。"

"但是，说它不难，真也不难！有一定的学习能力和一定的环境，持续不断地努力，总不至于一无所成。"

"学数学，以及学别的功课都是一样，一方面先弄清楚别人已经发明的，并且注意他们研究的经过和方法。另一方面应用这种态度和方法去解决自己所遇到的新问题。"

"广泛地说，你们学了一些题的解法，自然也学会了解别的问题，这是一种发明，不过是别人早就得出来的罢了。"

"总之，学别人的算法是一件事，学思索这种算法的方法，又是一件事，而后一种更加重要。"

对于马先生的议论，我还是持怀疑态度，总有些人比较会思索。但是，马先生却说，不可以忘记一切的发展都是历史的产物，都是许多人智慧的结晶。

他的意思是说"会想"并不是凭空会的，要我们去努力学习。这话，虽然我还不免怀疑，但努力学习总是应当的，我的疑问只好暂时放下了。

马先生发表完议论，就转到本题上："现在你们自己去研究在各小时以后两根针成直角的时间，你们要注意，有几小时内是可以有两次成直角的时间。"

课后，我们聚集在一起研究，便画成了下图，如图21所示。我们将一只表从正午12时再旋转到正午12时来观察，简直是不差分毫。我感到非常愉快，同时也觉得数学真是一个活生生的科目。

图 21

关于时钟两针的问题，一般的书上，还有"两根针成一直线"的情形。马先生说，这再也没有什么难处，要我们自己去"发明"，其实参照前两个例题，真的一点也不难啊！

# 06 相向运动的算法图解

"这次，我们先来探究这种相向运动的事实。"马先生说。

"运动是力的作用，这是学过物理的人都应当知道的常识。在流水中行舟，这种运动受几个力的影响呢？"

"两个：一是水流；二是人力。"我们都可以想到。

"我们叫水流的速度是流速；人划船使船前进的速度，叫漕速。那么，在流水上行舟，这两种速度的关系是怎样的呢？"

"下行速度＝漕速＋流速，上行速度＝漕速－流速。"这是王有道的回答。

例一：水程60里，顺流划行5小时可到，逆流划行10小时可到，每小时水的流速和船的漕速是怎样的？

经过前面的探究，我们已知道，这简直和"和差问题"没什么两样。

水程60里，顺流划行5小时可到，所以下行的速度，就是漕速和流速的"和"，是每小时12里。

逆流划行10小时可到，所以上行的速度，就是漕速和流速的"差"，是每小时6里。

下面的图22很容易就能画出，计算法也很明白：

$$（60÷5+60÷10）÷2=（12+6）÷2=9 \quad （里/小时）$$

图 22

$$（60÷5-60÷10）÷2=（12-6）÷2=3　（里/小时）$$

例二：如图23所示，王老七的船，从宋庄下行到王镇，漕速每小时7里，水流每小时3里，6小时可到，回来需要几小时？

图 23

马先生写完了题问："运动问题总是由速度、时间和距离三项中的两项求其他一项，本题所求的是哪一项？"

"时间！"又是一群小孩子似的回答。

"那么，应当知道些什么呢？"

"速度和距离。"有三个人说。

"速度怎样？"

"漕速和流速的差，每小时4里。"周学敏说。

"距离呢？"

"下行的速度是漕速同流速的和，每小时10里，共行6小时，所以是60里。"王有道说。

"对的，不过如果是画图，只要参照一定倍数的关系，画AB线就行了。王老七要从B回到A，每小时走3里，他的行程也是一条表达一定倍数关系的直线BC。至于计算法，这一分析就容易了。"

马先生不曾说出计算法，也没有要我们各自做，我将它补充在这里：

（7＋3）×6÷（7－3）＝60÷4＝15（小时）

例三：水流每小时2里，顺水5小时可行35里的船，回来需几小时？

这题，在形式上好像比前一题曲折，但马先生叫我们抓住速度、时间和距离三项的关系去想，真是"会者不难"！

AB线表示船下行的速度、时间和距离的关系。漕速和流速的和是每小时7里，而流速是每小时2里，所以它们的差每小时3里，便是上行的速度。

如图24所示，依照一定倍数的关系作AC，这图就完成了。算法也很容易懂得：

图 24

$$35 \div [(35 \div 5 - 2) - 2] = 35 \div 3 = 11\frac{2}{3} \text{（小时）}$$

例四：上行每小时2里，下行每小时3里，这船往返于某某两地，上行比下行多需2小时，两地相距几里？

依照表示一定倍数关系的方法，我们画出图25表示上行和下

图 25

行的行程线AC和AB。EF正好表示相差2小时，因而得所求的距离是12里，正与题相符。我们都很得意，但马先生却不满足，他说："对是对的，但不好。"

"为什么对了还不好？"我们有点不服。

马先生说："EF这条线，是先看好了距离凑巧画的，自然也是一种办法。不过，如果有别的更准确、可靠的方法，那岂不是更好吗？"

"……"大家默然。

"题上已说明相差2小时，如图26所示，那么表示下行的AC线，如果从2小时那点画起，则得交点E，岂不更清晰明了吗？"

图 26

真的！这一来是更好了一点！由此可以知道，学习真是不容易。古人说："开卷有益。"我感到"听讲有益"，就是自己已经知道了的，有机会也得多听取别人的意见。

# 07 年龄大小问题的规律

"你们会猜谜吗?"马先生出乎意料地提出这么一个问题,大概是因为问题来得太突然,大家都沉默不语了。

"据说从前有个人出了一个谜让人猜,那谜面是一个'日'字,猜杜甫的一句诗,你们猜是什么句子?"说完,马先生便呆立着望向大家。

没有一个人回答。

"无边落木萧萧下。"马先生说,

"怎样解释呢?说来话长,中国在晋以后分成南北朝,南朝最初是宋,宋以后是萧道成所创的齐,齐以后是萧衍所创的梁,梁以后是陈("陈"的繁体字)霸先所创的陈。"

"'萧萧下'就是说,两朝姓萧的皇帝之后,当然是'陳'。'陳'字去了左边是'東'字,'東'字去了'木'字便只剩'日'字了。"

"这样一解释,这个谜语好像真不错,但是出谜的人可以'妙手偶得之',而猜的人却只好暗中摸索了。"

"这虽然是一个有趣的故事,但是我,也许不只我,始终不明白马先生在讲数学时突然提到它,有什么用意,只能静静地等待他的讲解了。"

"你们觉得我提出这个故事有点不伦不类吗？其实，一般教科书上的习题，特别是四则应用问题一类，如果没有例题，没有人讲解、指导，对于学习的人，也正和谜面一样，需要你自己去摸索。"

"摸索本来不是正当办法，所以处理一个问题，必须有一定步骤。第一，要理解问题中所包含而没有提出的事实或算理的条件。"

"比如这次要讲的年龄的关系的题目，大体可分两种，即每题中或是说到两个以上的人的年龄，要求他们的或从属关系成立的时间，或是说到他们的年龄或从属关系而求得他们的年龄。"

"但这类题目包含着两个事实以上的条件，题目上总归不会提到的：其一，两人年龄的差是从他们出生起就一定不变的；其二，每多一年或少一年，两人便各长1岁或小1岁。不懂得这个事实，这类的题目便难于摸索了。"

"这正如上面所说的谜语，别人难于解答的原因，就在不曾把两个'萧'，看成萧道成和萧衍。话虽如此，毕竟数学不是猜谜，只要留意题上没有明确提出的，而事实上存在的条件，就不至于暗中摸索了。"

例一：当前，父亲年龄35岁，儿子年龄9岁，问几年后父亲年龄是儿子年龄的3倍？

写好题目，马先生先把表示父子年龄的两条线画出来。如图27所示，横轴表示年龄，纵轴表示年数。

父亲现在35岁，以后每过1年增加1岁，用AB线表示。儿子现在9岁，以后也是每过1年增加1岁，用CD线表示。

"过5年，父亲年龄是多少？儿子几岁？"

图 27

"父亲40岁，儿子14岁。"这是谁都能回答上来的。

"过11年呢？"

"父亲46岁，儿子20岁。"还是谁都能回答上来的。

"怎样看出来的呢？"马先生问。

"从直线OY上记有5的那点横看到直线AB得E点，再往下看，就得40，这是五年后父亲的年龄。又看到直线CD得F点，再往下看得14，就是五年后儿子的年龄。"我回答。

"从OY线上记有11的那点横看到直线AB得G点，再往下看，就得46，这是十一年后父亲的年龄。又看到直线CD得H点，再往下看得20，就是十一年后儿子的年龄。"周学敏抢着答，而且故意学着我的语调回答。

"对了！"马先生高叫一句，突然愣住。

"5E是5F的3倍吗？"马先生问后，大家摇摇头。

"11G是11H的3倍吗？"仍是一阵摇头，不知为什么今天只有周学敏这般高兴，扯长了声音回答："不——是——"

"现在就是要找在$OY$上的哪一点到$AB$的距离是到$CD$的距离的3倍了。当然我们还是应当用画图的方法，不可硬用眼睛看。等分线段的方法，还记得吗？在讲除法的时候讲过的。"

王有道说了一种等分线段的方法。

接着，马先生说："先随意画一条线$AK$，从$A$起在上面取$A_1$，$12$，$23$相等的三段。连$C_2$，经过$3$作线平行于$C_2$，与$OA$的反向延长线交于$M$。过$M$作线平行于$CD$，与$OY$交于$5$，这就得了。"

四年后，父亲39岁，儿子13岁，二者正是3倍关系，而图27上的$4P$也恰好3倍于$4Q$，真是奇妙！然而为什么这样画就行了，我却不太明白。

图 28

马先生好像知道我的心事一般，接着说："现在，我们应当考求这个画法的来源。"

他随手在黑板上画出上图，要我们看了回答$B_1C_1$，$B_2C_2$，$B_3C_3$，$B_4C_4$，各对于$A_1B_1$，$A_2B_2$，$A_3B_3$，$A_4B_4$的倍数是否相等。当

然，谁也可以看得出来这倍数都是2。

大家回答完以后，马先生说："这就是说，一条线被平行线分成若干段，无论这条线怎样画，这些段数的倍数关系都是相同的。所以$4P$对于$4Q$，和$MA$对于$MC$，也就和$3A$对于$32$的倍数关系是一样的。"这我就明白了。

"假如，题上问的是6倍，怎么画？"马先生问。

"在$AK$上取相等的6段，连$C_5$，画$6M$平行于$C_5$。"王有道说。

现在我也明白了，因为$OY$到$AB$的距离，无论是$OY$到$CD$的距离的多少倍，但$OY$到$CD$，总是这距离的1倍，因而总是将$AK$上的倒数第二点和$C$相连，而过末一点作线和它平行。

至于这题的算法，马先生叫我们据图加以探究，我们看出$CA$是父子年龄的差，和$QP$、$FE$、$HG$全一样。而当$4P$是$4Q$的3倍时，$MA$也是$MC$的3倍，并且在这地方$4Q$、$MC$都是所求的若干年后的子年。因此得下面的算法：

$$(35 - 9) \div (3 - 1) - 9 = 4$$

$$\vdots \quad \vdots \quad \quad \vdots \quad \quad \vdots \quad \quad \vdots \quad \quad \vdots$$

$$OA \quad OC \quad \quad A_3 \quad 32 \quad \quad OC \quad MO\,(C_4)$$

$$\vdots \quad \vdots \quad \quad \vdots \quad \quad \vdots \quad \quad \vdots \quad \quad \vdots$$

（父年−子年）÷（倍数−1）−子年＝年数（所求）

讨论完毕以后，马先生一句话不说，将图29画了出来，指定周学敏去解释。

我倒有点幸灾乐祸的心情，因为他学我的缘故，但事后一想，这实在无聊。他的数学水平虽不及王有道，这次却讲得很有条理，而且真是简单、明白。下面的一段，就是周学敏讲的，我一字没改，记在这里以表忏悔！

"父亲35岁，儿子9岁，他们相差26岁，就是这个人26岁时生这儿子，所以他26岁时，他的儿子是0岁。以后，每过一年，他大1岁，他的儿子也大1岁。依差一定的表示法，如图29得直线$AB$。

图 29

题上要求的是父亲年龄3倍于儿子年龄的时间，依照倍数一定的表示法得直线$OC$，两线相交于$D$。依交叉原理，$D$点所示的，便是合于题上的条件时，父子各人的年龄：父亲39，儿子13。从35到39和从9到13都是4，就是4年后父亲的年龄正好是儿子年龄的3倍。"

对于周学敏的解说，马先生也非常满意，他评价了一句："不错！"然后写出例二。

例二：当前，父亲36岁，儿子18岁，几年后父亲年龄是儿子年龄的3倍？

这题看上去自然和例一完全相同。马先生让我们各自依样画葫芦，但一动手，便碰了钉子，如图30所示，过$M$所画的和$CD$平行的线与$OY$却交在下面9的地方。这是怎么一回事呢？

　　马先生始终让我们自己去做，一声不吭。后来我从这9的地方横看到*AB*，再竖看上去，得父亲年龄27岁；而看到*CD*，再竖看上去，得到儿子年龄9岁，正好是3倍。到此我才领悟过来，这在下面的9，表示的是9年以前。

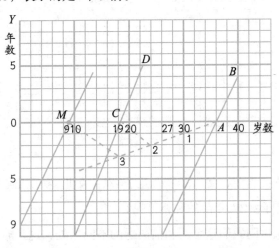

图 30

　　而这个例题目完全是马先生有意弄出来的。这么一来，我还知道几年前或几年后，算法全是一样，只是减的时候，被减数和减数不同罢了。本题的计算应当是：

$$18 - (36 - 18) \div (3 - 1) = 9$$

$$\vdots \qquad \vdots \qquad \vdots \qquad \vdots \qquad \vdots$$

$$OC \qquad OA \qquad OC \qquad A_3 \quad 32 \quad OM$$

$$\vdots \qquad \vdots \qquad \vdots \qquad \vdots \qquad \vdots$$

子年－（父年－子年）÷（倍数－1）＝年数（已过去）

　　我试用别的解法做，如图31所示，*AB*和*OC*的交点*D*，表明父亲27岁时，儿子9岁，正是3倍，而从36回到27恰好9年，所以本题的解答是9年以前。

图 31

例三：当前，父亲32岁，儿子6岁，女儿4岁，几年后，父亲的年龄与子女2人年龄的和相等呢？

马先生问我们这个题和前两题的不同之处，这是略一思索就知道的，父亲的年龄每过1年只增加1岁，而子女年龄的和每过1年却增加2岁。所以从现在起，父亲的年龄用AB线表示，而子女2人年龄的和用CD表示，如图32所示。

图 32

AB和CD的交点E，竖看是54，横看是22。从现在起，22年后，父亲54岁，儿子28岁，女儿26岁，相加也是54岁。

至于本题的算法，图32上显示得很清楚。CA表示当前父亲年龄同子女2人年龄的差，往后看去，每过1年这差减少1岁，少到了零，便是所求的时间，所以：

$$[ 32 - ( 6 + 4 ) ] \div ( 2 - 1 ) = 22$$

$$\begin{array}{cccc} \vdots & \vdots & \vdots & \vdots \\ OA & OC & \vdots & O\!-\!22 \\ \vdots & \vdots & \vdots & \vdots \end{array}$$

[父年-（子年+女年）]÷（子女数-1）=所求的年数

这题有没有别的解法，马先生不曾说，我也没有想过，而是王有道将它补出来的：如图33所示，直线AB表示现在父亲的年龄同子女俩的年龄，以后一方面逐年增加1岁，而另一方面增加2岁，OC表示两面相等，即1倍的关系。这都容易想出。

图 33

只有AB线的A不在最底端的一条横线上，这是王有道的巧思，我只好佩服了。据王有道说，他第一次也把A点画在32的地方，结果不符。仔细一想，才知道错得十分可笑。

原来那样画法，是表示父亲32岁时，子女俩年龄的和是0。由此他想到子女俩年龄的和是10，就想到A点应当在第五条横线上。虽然如此，我依然佩服！

例四：当前，祖父85岁，长孙12岁，次孙3岁，几年后祖父的年龄是两个孙子年龄和的3倍？

这例题是马先生留给我们做的，参照了王有道的补充前面一题的别解，我也由此得出它的图34来了。因为祖父85岁时，两孙年龄共15岁，所以得A点。以后祖父加1岁，两孙共加2岁，所以得直线AB。OC是表示一定倍数的。两线交点D，竖看得93，是祖父年龄；横看得31，是两孙年龄的和。从85到93有8年，所以得知8年后祖父年龄是两孙年龄的3倍。

图34

本题的算法，是我曾经从一本数学教科书上见到的：

$$[85-(12+3)\times3]\div[2\times3-1]=(85-45)\div5=8$$

它的解释是这样：

两孙年龄共（12＋3）岁，3倍是（12＋3）×3，比祖父的年龄还少［85−（12＋3）×3］，这差出来的岁数，就需要由两孙每年比祖父多加的岁数来填足。

两孙每年共加2岁，就3倍计算，共增加2×3岁，减去祖父增加的1岁，就是每年多加（2×3−1）岁，由此便得上面的计算法。

这种算法能否从图上得出来，以及本题照前几例的第一种方法是否可解，我们没有去想，也不好意思去问马先生，因为这好像应当用点心自己回答，只得留待将来考虑了。

## 08 到底是多还是少

"今天有诗一首。"马先生见面就说，随即念了出来：

例一：

隔墙听得客分银，不知人数不知银。

七两分之多四两，九两分之少半斤。

"纵线用2小段表示1个人，横线用1小段表示2两银子，这样一来'七两分之多四两'怎样画？"

"先除去4两，便是'定倍数'的关系，所以从4两的一点起，照'纵一横七'画直线AB。"王有道说。

"那么，九两分之少半斤（旧制半斤等于8两）呢？""少"字说得特别响，这给了我一个暗示，"多四两"在O的右边取4两；"少半斤"就得在O的左边取8两了，我于是回答："从O的左边8两那点起，依'纵一横九'，画直线CD。"

AB和CD相交于E，从E横看得6人，竖看得46两银子，正合题目，如图35所示。

由图35可以看出，CD表示多的和少的两数的和，正是（4+8），而每多一人所差的是2两，即（9−7），因此得算法：

（4+8）÷（9−7）=6是人数，

图 35

$7 \times 6 + 4 = 46$ 是银两数。

例二：儿童若干人，分铅笔若干支，每人取4支，剩3支；每人取7支，差6支，平均每人可得几支？

马先生要求大家先将求儿童人数和铅笔支数的图画出来，这只是依样画葫芦，自然手到即成。大家画好以后，他说："将O和交点E连起来，由这条线上看去，一个儿童得多少支铅笔？"

啊！多么容易呀！3个儿童，15支铅笔。每人4支，自然剩3支；每人7支，相差6支，而平均正好每人5支，如图36所示。

图 36

## 09 鸟兽同笼各算各

我一听到马先生说"这次来讲鸟兽同笼的问题",我便知道是鸡兔同笼这一类了。

例一:鸡、兔同笼,一共有19个头,52只脚,求鸡、兔各有几只?

不用说,这题目包含一个事实条件,鸡是2只脚,而兔是4只脚。

"依头数说,这是'和一定'的关系。"马先生一边说,一边画直线AB,如图37所示。

"但是如果就脚来说,2只鸡的才等于1只兔的,这又是'定倍数'的关系。假设全是兔,兔应当有13只;假设全是鸡,就应当有26只。由此得直线CD,两线交于E。竖看得7只兔,横看得12只鸡,这就对了。"

7只兔,28只脚,12只鸡,24只脚,一共正好52只脚。

马先生说:"这个想法和通常的算法正好相反,平常都是假设头数全是兔或鸡,是这样算的:

（4×19−52）÷（4−2）=12是鸡的数量;（52−2×19）÷（4−2）=7是兔的数量

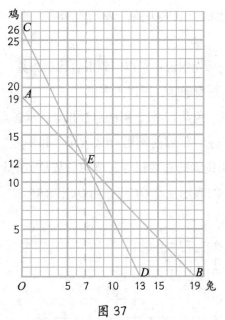

图 37

"这里却假设脚数全是兔或鸡而得CD线，但试从下表一看，便没有什么想不通了。图中E点所表示的一对数，正是两表中所共有的。"

"就拿头来说，总数是19，AB线上的各点所表示的：

| 鸡 | 0 | 1 | 2 | 3 | 4 | 5 | 6 | 7 | 8 | 9 | 10 | 11 | 12 | 13 | 14 | 15 | 16 | 17 | 18 | 19 |
|---|---|---|---|---|---|---|---|---|---|---|---|---|---|---|---|---|---|---|---|---|
| 兔 | 19 | 18 | 17 | 16 | 15 | 14 | 13 | 12 | 11 | 10 | 9 | 8 | 7 | 6 | 5 | 4 | 3 | 2 | 1 | 0 |

拿脚来说，总数是52，直线CD上各点所表示的：

| 鸡 | 0 | 2 | 4 | 6 | 8 | 10 | 12 | 14 | 16 | 18 | 20 | 22 | 24 | 26 |
|---|---|---|---|---|---|---|---|---|---|---|---|---|---|---|
| 兔 | 13 | 12 | 11 | 10 | 9 | 8 | 7 | 6 | 5 | 4 | 3 | 2 | 1 | 0 |

按照一般的算法，自然不能由这个图上推想出来，但有一种老算法，却从这图上看得清清楚楚，那算法是这样的：将脚数折

半，*OC*所表示的，减去头数，*OA*所表示的，便得兔的数目，*AC*所表示的。"

这类题，马先生说还可以归到混合比例去算，以后拿这两种算法来比较，更有趣味，所以不多讲。

例二：鸡、兔共 21 只，脚的总数相等，求各有几只？

如图38所示，依照前例用*AB*线表示"和一定"总头数21的关系。因为鸡和兔脚的总数相等，鸡的只数是兔的只数的2倍了。依"定倍数"的表示法作*OC*线。由*OC*和*AB*的交点*D*得知兔是7只，鸡是14只。

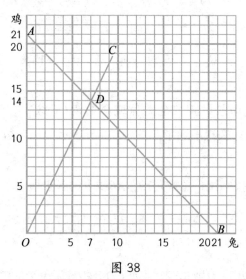

图 38

例三：小三子替别人买邮票，要买4分和2分的各若干张，但是他将数目说反了，他给2.8元找回了0.2元，原来要买的数目是多少呢？

"对比例一来看，这道题怎样？"马先生问。

"只有脚，没有头。"王有道很滑稽地说。

"不错！"马先生笑着说，"只能根据脚数表示两种张数的倍数关系。第一次的线怎么画？"

"全买4分的，共70张；全买2分的，共140张，得AB线，如图39所示。"王有道回答。

"第二次的呢？"

"全买4分的，共计65张；全买2分的，共计130张，得CD线。"周学敏说。但是AB与CD没有交点，大家都呆着脸望着马先生。

马先生说："照几何上的讲法，两条线平行是永远没有交点的。小三子把别人的数弄反了，你们却把小三子的数弄倒了头了。"他将直线CD画成EF，得交点G。横看，4分的50张，竖看2分的40张，总共恰好2.8元，如图39所示。

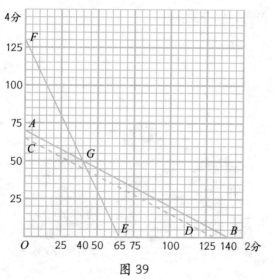

图 39

这次马先生没有画图，他还要求我们离开图，想想采取怎样算法，才会非常简便和迅速地算出来。这一下把我们好像难住了呢!

他还给我们这样提示说:"假如别人另外给了2.6元,要小三子重新去买邮票,这次他总算没有弄反了。那么,这人各买到邮票是多少张呢?"

这就不用说了,前一次的差是1和2,这一次的便是2和1;前次的差是3和5,这次的便是5和3。这人的两种邮票的张数便一样了。

但是,总共用了(2.8+2.6)元钱,这是周学敏首先就想到的。每种一张共值(4+2),我提出了这个意见。所以,算法就十分明白了。

(2.8+2.6)÷(4+2)=90是总张数。

(4×90-280)÷(4-2)=40是2分的张数。

90-40=50是4分的张数。

# 10 怎样分工如何合作

关于计算工作的题目，我总觉得它很神秘。今天马先生一写出这个标题，我就特别兴奋。

马先生说："我们先讲原理吧！工作，只是劳力、时间和效果三项的关联。费了多少力气，经过多少时间，得到什么效果，所谓工作的问题，不过如此。"

"想明白了，它和运动的问题毫无两样，速度就是所费力气的表现，时间的意思是一样的，而所走的距离，正是所得到的效果。"

真奇怪！一经说明，我也觉得运动和工作是同一件事情了，然而平时为什么想不到呢？

马先生继续说道，"在等速运动中，基本的关系是：距离＝速度×时间。而在均一的工作中，所谓均一的工作，就是经过相同的时间，所做的工相等。基本的关系，便是：工作总量＝工作效率×工作时间。"

例一：甲四天可以独自完成的事情，乙需要十天才能完成。如果两人合做，一天可以完成多少？几天可以做完呢？

不用说，这题的作图和关于行路，实质上没有区别。我们所犹豫的，就是行路的问题中，距离有数目表示出来，这里却没有，应当怎样处理呢？

但这困难马上就解决了，马先生说："全部工作就算1，无论用多长表示都可以。不过为了易于观察，不妨用一小段作1，而以甲、乙二人做工的日数4和10的最小公倍数20作为全部工作。试用竖线表示工作，横线表示日数，两小段1日，甲、乙各自的工作线怎么画？"

到了这一步，我们没有一个人不会画了。如图40所示，$OA$是甲的工作线，$OB$是乙的工作线。大家画好后争着给马先生看，其实他已知道我们都会画了，眼睛并不曾看到每个人的画上，尽管口里说"对的，对的"。

图 40

大家回到座位上后，马先生便问："那么，甲、乙每人一天做多少工作？"

图上表示得很清楚，1E是$\frac{1}{4}$，1F是$\frac{1}{10}$。

"甲一天做$\frac{1}{4}$，乙一天做$\frac{1}{10}$！"差不多是全体同声回答。

"现在就回到题目上来，两人合做一天，完成多少？"马先生问。

"$\frac{7}{20}$！"王有道回答。

"怎么知道的？"马先生望着他。

"$\frac{1}{4}$加上$\frac{1}{10}$，就是$\frac{7}{20}$！"王有道说。

"这是算出来的，不行！"马先生说。

这可把我们难住了。马先生笑着说："人的事，往往如此，越容易的，越是常常使人发呆，感到不知所措。1E是甲一天完成的，1F是乙一天完成的，把1F接在1E上，得D点，1D不就是两人合做一日所完成的吗？"

不错，从D点横着一看，正是$\frac{7}{20}$。

"那么，试把OD连起来，并且引长到C，与OA、OB相齐。两人合做二天完成多少？"马先生问。

"$\frac{14}{20}$！"我回答。

"就是$\frac{7}{10}$！"周学敏加以修正。

"几天可以完成？"马先生接着问。

"三天不到！"王有道回答。

"为什么？"马先生问。

"从C看下来是$2\frac{8}{10}$的样子。"王有道说。

"为什么从C看下来就是呢？周学敏！"马先生指定他回答。

我倒有点替他着急，然而出乎意料，他立刻回答道："均一的工作，每天完成的工作量是一样的，所以若干天完成的工作量和一天完成的工作量，是'定倍数'的关系。直线OC正表示这关系，C点又在表示全工作的横线上，所以OK便是所求的日数。"

"不错！讲得很透彻！"马先生非常满意。

周学敏进步得真快！下课后，因为钦佩他的进步，我便找他一起去散步。边散步边谈，没说几句就谈到数学上去了。

他说感觉我这几天像是个"数学迷"，这样下去会成"数学疯子"的。不知道他是不是在和我开玩笑，不过这十几天，对于数学我深感舍弃不下，却是真情。

我问他为什么进步这么快，他却不承认有什么大的进步，我便说："有好几次，你回答马先生的问话，都完全正确，马先生不是也很满意吗？"

"这不过是听了几次讲以后，我就找出马先生的法门来了。说来说去，不外乎三种关系：一是和一定；二是差一定；三是倍数一定。所以我就只从这三点上去想。"周学敏这样回答。

对于这个回答，我非常高兴，但不免有点惭愧，为什么同样听马先生讲课，我却不会捉住这法门呢？而且我也有点怀疑："这法门一定灵吗？"

我便这样问他，他想了想说："这我不敢说。不过，过去都灵就是了，抽空我们去问问马先生。"

我真是对数学着迷了，立刻就拉着他一同去。走到马先生的房里，他正躺在藤榻上冥想，手里拿着一把蒲扇，不停地摇，一见我们便笑着问道："有什么难题了！是不是？"

我看了周学敏一眼，周学敏说："听了先生这十几节课，觉得说来说去，总是'和一定''差一定''倍数一定'，是不是所有的问题都逃不出这三种关系呢？"

马先生想了想："就问题的变化上说，自然是如此。"

这话我们不是很明白，他似乎看出来了，接着说："比如说，两人年龄的差一定，这是从他们一生下来就可以看出来的。又比如，走的路程和速度是定倍数的关系，这也是从时间的连续中看出来的。所以说就问题的变化上说，逃不出这三种关系。"

"为什么逃不出？"我大胆地提出疑问，心里有些忐忑。

"不是为什么逃不出，是我们不许它逃出。因为我们对于数量的处理，在算术中，只有加、减、乘、除四种方法。加法产生和，减法产生差，乘、除法产生倍数。"

我们这才明白了。后来又听马先生谈了其他问题，我们就出来了。因为这段话是理解算术的基本，所以我补充在这里。现在回到本题的算法上去，这是没有经马先生讲解，我们都知道了的。

$$1 \div \left( \frac{1}{4} + \frac{1}{10} \right) = 2\frac{6}{7}$$
$$\vdots \qquad \vdots \qquad \vdots \qquad \vdots$$
全工作　甲一日工作　乙一日工作　时间

马先生提示一个别的解法，更是妙："把工作当成行路一般看待，那么，这问题便可看成甲从一端出发，乙从另一端出发，两人几时相遇一样。"

当然一样呀！我们不是可以把全部工作看成一长条，而甲、乙各从一端相向进行工作，如卷布一样吗？

这一来，图解法和算法更是容易思索了。图41中$OA$是甲的工作线，$CD$是乙的工作线，$OA$和$CD$交于$E$。从$E$看下来仍是$2\frac{8}{10}$多一点。

图 41

例二：一水槽装有进水管和出水管各1支，进水管8小时可以灌满，出水管12小时可以排尽，如果2管同时打开，几小时可以灌满水呢？

这题和例一的不同，就事实上一想便可明白，每小时槽里储蓄的水量，是两水管流水量的差。而例一作图41时，将1F接在1E上得D，1D表示甲、乙工作的和。这里自然要从1E截下1F得1D，表示两水管流水的差。

如图42，流水就是水管在工作呀！所以OA是进水管的工作线，OB是出水管的工作线，OC便是它们俩的工作差，而表示定倍数的关系。由C点看下来得24小时，算法如下：

$$1 \div \left( \frac{1}{8} - \frac{1}{12} \right) = 24$$

$$\vdots \qquad \vdots \qquad \vdots \qquad \vdots$$

全工作　进水　出水　时间

066

图 42

当然，这个题目也可以有另一个解法。我们可以想象为：出水管距入水管有一定的路程，两人同时出发，进水管从后面追出水管，求什么时候能追上。

如图43所示，OA是出水管的工作线，1C是进水管的工作线，它们相交于E，横看过去正是24小时。

图 43

067

例三：甲、乙2人合做15日完工，甲1人做20日完工，求乙1人做几日完工？

"这只是由例一推衍出来的，你们应当会做了。"随后，马先生指定我画出图44，并做出相应的解释。

图 44

不过是例一的图中先有了$OA$、$OB$两条线而求画$OC$线，照前例，所取的$ED$应在1日的纵线上且应等于$1F$。依$ED$取$10F$便可得$F$点，连$OF$引长便得$OB$。在我画图的时候，本是照这样在1日的纵线上取$1F$的。

但马先生说，那里太窄了，容易画错，因为$OA$和$OC$间的纵线距离和同一纵线上$OB$到横线的距离总是相等的，所以不妨在其他地方取$F$。就图看去，在10这点，向上到$OA$、$OC$，相隔正好是5小段。

我就从10向上5小段取$F$，连$OF$引长到与$C$、$A$相齐，竖看下来是60。乙要做60日才能做完。对于这么大的答数，我有点放心不下，好在马先生没有说什么，我就认为对了。后来计算的结果，确实是要60日才做完。

$$1 \div \left( \frac{1}{15} - \frac{1}{20} \right) = 60$$

$$\vdots \qquad \vdots \qquad \vdots \qquad \vdots$$

全工作　合做　甲独做　乙独做日数

本题照别的解法做，那就和这样的题目相同：

甲、乙2人由两地同时出发，相向而行，15小时在途中相遇，甲走完全路需20小时，乙走完全路需几小时？

如图45所示，先作$OA$表示甲的工作，再从15时这点画纵线和$OA$交于$E$点，连$DE$引长到$C$，便得60日。

图 45

例四：甲、乙2人合做一项工程，5日完成$\frac{1}{3}$，其余由乙单独做，16日完成，问甲、乙单独做全工各需几日？

"这题难不难？"写完题，马先生这样问。

"难者不会，会者不难。"周学敏很顽皮地回答。

"你是难者，还是会者？"马先生跟着问周学敏。

"如图46所示，2人合做，5日完成$\frac{1}{3}$，5日和工作$\frac{1}{3}$的两条线相交于相K，连OK引长得OC，这是2人合做的工作线，所以2人合做共需15日。"周学敏说。

图 46

"最后一句是不必要的。"马先生加以纠正。

"从5日后16日，一共是21日，21日这点的纵线和全工作这点的横线交于H，连KH便是乙接着单独做16日的工作线。"

"对的！"马先生赞赏地说。

"过O作OA和KH平行，这是乙1人单独做全工作的工作线，他24日做完。"周学敏说完停住了。

"还有呢?"马先生催促他。

"在10日这点的纵线上量$OC$和$OA$的距离$ED$,从10这点起向上量$10F$等于$ED$,得$F$点。连$OF$并且引长,得$OB$,这是甲的工作线,他1人单独做需40日。"周学敏真是有了惊人的进步,他的数学从来不及王有道呀!

马先生夸奖他说:"周学敏,你已经掌握了解决问题的关键了。"

这题当然也可用别的解法做,不过和前面几题大同小异,所以略去,至于它的算法,那就是:

$$1 \div \left( \frac{2}{3} \div 16 \right) = 24$$

$$\vdots \qquad \vdots \qquad \qquad \vdots$$

全工作　乙独做的　乙独做全工的日数

$$1 \div \left( \frac{1}{5 \times 3} - \frac{1}{24} \right) = 40$$

$$\vdots \qquad \vdots \quad \vdots \qquad \qquad \vdots$$

全工作　合做　乙做　甲独做全工的日数

**例五**:甲、乙、丙3人合做一项工程,8日做完一半。由甲、乙2人继续,又是8日完成剩余的$\frac{3}{5}$。再由甲1人单独做,12日完成。若甲、乙、丙单独做全工,各需几日?

马先生写完题,王有道随口说:"越来越复杂了。"

马先生听了含笑说:"应当说越来越简单呀!"

大家都不说话,题目明明复杂起来了,马先生却说"应当说越来越简单",岂非奇事。然而他的解说是:"前面几个例题的解法，如果已经彻底明白了，这个题不就只是照抄老文章便可解决了吗？有什么复杂的呢？"

如图47所示，这自然是没错的，不过抄老文章罢了！

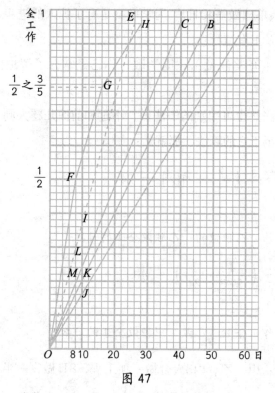

图 47

（1）先依"8日做完一半"这个条件画OF，是3人合做8日的工作线，也是3人合做的工作线的方向。

（2）由F起，依"8日完成剩余工作的$\frac{3}{5}$"这个条件，作FG，这便表示甲、乙2人合做的工作线的"方向"。

（3）由G起，依"12日完成"这条件，作GH，这便表示甲1人单独做的工作线的"方向"。

（4）过$O$作$OA$平行于$GH$，得甲1人单独做的工作线，他要60日才做完。

（5）过$O$作$OE$平行于$FG$，这是甲、乙2人合做的工作线。

（6）在10这点的纵线和$OA$交于$J$，和$OE$交于$I$。照$10J$的长，由$I$截下来得$K$，连$OK$并且引长得$OB$，就是乙1人单独做的工作线，他要48日完成全工。

（7）在8这点的纵线和甲、乙合做的工作线$OE$交于$L$，和3人合作的工作线$OF$交于$F$。从8起在这纵线上截$8M$等于$LF$的长，得$M$点。连$OM$并且引长得$OC$，便是丙1人单独做的工作线，他40日就可完成全部工作了。

作图47如此，算法也易于明白。

甲独做：$\quad 1 \div \left[ \left( \dfrac{1}{2} - \dfrac{3}{5} \times \dfrac{1}{2} \right) \div 12 \right] = 60$

$\qquad\qquad\vdots\qquad\quad\vdots\qquad\qquad\vdots\qquad\qquad\quad\vdots$

全工作　残余一半　甲乙合做的　　　　日数

$\underbrace{\qquad\qquad\qquad\qquad\qquad}$

甲一人一日的工作

乙独做：$\quad 1 \div \left( \dfrac{3}{5} \times \dfrac{1}{2} \div 8 - \dfrac{1}{60} \right) = 48$

$\qquad\qquad\vdots\qquad\quad\vdots\qquad\qquad\vdots\qquad\quad\vdots$

全工作　甲乙合做一日　甲做一日　日数

丙独做：$\quad 1 \div \left( \dfrac{1}{2} \div 8 - \dfrac{3}{5} \times \dfrac{1}{2} \div 8 \right) = 40$

$\qquad\qquad\vdots\qquad\quad\vdots\qquad\qquad\vdots\qquad\qquad\vdots$

全工作　三人合做一日　甲乙合做一日　日数

例六：有项工程，甲、乙2人合做 $\frac{8}{3}$ 日完成，乙、丙2人合做 $\frac{16}{3}$ 日完成，甲、丙2人合做 $\frac{16}{5}$ 日完成，每人单做各需几日呢？

"这倒是越来越复杂，老文章不好照抄了。"马先生说，"不管三七二十一，先把每两人合做的工作线画出来。"

这自然是抄老文章，如图48所示，$OL$ 是甲、乙的工作线，$OM$ 是乙、丙的工作线，$ON$ 是甲、丙的工作线，马先生叫王有道在黑板上画了出来。随手，他将在 $L$ 点的纵线和 $ON$、$OM$ 的交点涂写上 $D$ 和 $E$。

图 48

"$LD$ 表示什么？"

"乙、丙的工作差。"王有道回答。

"好，那么从 $E$ 在这纵线上向下截去 $LD$ 得 $G$，从横轴到 $G$ 是什么？"

"乙在 $\frac{8}{3}$ 日内所做的工作。"周学敏回答。

"所以，连 $OG$ 并且引长到 $B$，就是乙1人单独做的工作线，他要8日完成。再从 $G$ 起，向下截去一个 $LD$ 得 $H$，从横轴到 $H$ 是什么？"

"丙在 $\frac{8}{3}$ 日内所做的工作。"我回答。

"连$OH$，引长到$C$，$OC$就是丙独自1人做的工作线，他完成全工作要16日。"

"从$D$起向下截去从横轴到$H$的距离得$F$，从横轴到$F$的距离不用说是甲在$\frac{8}{3}$日内所做的工作。连结$OF$，引长得$OA$，这是甲1人单独做的工作线。他几日才做完全部工程？"

"4日。"大家很高兴地回答。

这题的算法是如此：

$$甲独做：1 \div \left[ \left( \frac{3}{8} + \frac{3}{16} + \frac{5}{16} \right) \div 2 - \frac{3}{16} \right] = 4$$

　　　甲乙一日的工作：甲丙一日做　　　　　　　日数

　　　　　　乙丙一日做　　　　乙丙一日做　日数

　　　　　　甲乙丙一日做

$$乙独做：1 \div \left( \frac{3}{8} - \frac{1}{4} \right) = 8$$

　　　　甲乙一日做　甲一日做　日数

$$丙独做：1 \div \left( \frac{5}{16} - \frac{1}{4} \right) = 16$$

　　　　甲丙一日做　甲一日做　日数

马先生结束这课时说："这节课到此为止。下节课我们来把四则问题做一个结束，将没有讲到的常见题目大概讲一下，你们也可提出觉得困难问题来。其实全部算术问题都是四则问题。"

# 11 归一问题的变通做法

上次马先生已说过，这次把四则问题做一个结束，而且要我们提出难题来。于是，昨天一整个下午，便消磨在了搜寻问题上。

我约了周学敏一同商量，发现有许多计算法，马先生都不曾讲到，而在已经讲过的方法中，也还遗漏了我觉得难解的问题，清算起来一共差不多二三十个题目。不知道怎样向马先生提出来，因此犹豫了半响！

真奇怪！马先生好像早已明白了我的心理，一走上讲台，便说："今天来结束四则问题，先让你们把想要解决的问题都提出，我们再依次讨论下去。"

这自然是给我一个提出问题的机会了。因为我想提的问题太多了，所以决定先让别人开口，然后再补充。结果我所想到的问题已提出了十分之八九，只剩了十分之一二。

因为问题太多的缘故，这次马先生花费的时间确实不少。从"归一法的问题"到"七零八落"，这节是我自己的意见，为的是便于检查。

按照我们提出的顺序，马先生从归一法开始，逐一讲下去。对于归一法的问题，马先生提出了一个原理："这类题，本来只是比例的问题，但也可以反过来说，比例的问题本不过是四则问题。这是大家都知道的。"

"比如王老大30岁，王老五20岁，我们就说他们两兄弟年龄的比是3∶2或 $\frac{3}{2}$ 。其实这和王老大有法币10元，王老五只有2元，我们就说王老大的法币是王老五的5倍一样。王老大的年龄是王老五年龄的 $\frac{3}{2}$ 倍，和王老大同王老五年龄的比是 $\frac{3}{2}$ ，正是一样的，只不过表面形式不同罢了。"

"那么，归一法的问题当中，只是'倍数一定'的关系了？"我好像有了一个大发明似的问。自然，这是昨天得到了周学敏和马先生指示的结果。

"一点不错！既然抓住了这个要点，我们就来解答问题吧！"马先生说。

例一：工人6名，4日吃1斗2升米，今有工人10名做工10日，吃多少米？

要点虽已懂得，下手却仍困难。马先生写好了题，要我们画图时，大家都茫然了。

以前的例题，每个只含三个量，而且其中一个量，总是由其他两个量依一定的关系产生的，所以是用横线和纵线各表示一个，从而依它们的关系画图49。而本题有人数、日数、米数三个量，题目看上去容易，但却不知道从何下手，只好呆呆地望着马先生了。

马先生见此情景，禁不住笑了起来："从前有个老师给学生批文章，因为这个学生是个富家公子，批语要好看，但文章做得却太坏，他于是只好批四个字'六窍皆通'。"

图 49

"这个学生非常得意，其他同学见状，跑去问老师。他回答说，人是有七窍的呀，六窍皆通，便是'一窍不通'了。"

这样一来惹得大家哄堂大笑，但马先生反而继续说道："你们今天却真是'六窍皆通'的'一窍不通'了。既然抓住了要点，还有什么难的呢？"

……仍然是没有人回答。

"我知道，你们平常惯用横竖两条线，每一条表示一种量，现在碰到了三种量，这一窍却通不过来，是不是？其实题目上虽有三个量，何尝不可以只用两条线，而让其中一条线来兼顾呢？"

"工人数是一个量，米数又是一个量，米是工人吃掉的。至于日数不过表示每人多吃几餐罢了。这么一想，比如用横线兼表人数和日数，每6人一段，取4段不就行了吗？这一来纵线自然表示米数了。"

"由6人4日得$B$点，1斗2升在$A$点，连$AB$就得一条线。再由

10人10日得$D$点，过$D$点画线平行于$AB$，交纵线于$C$。"

"吃多少米？"马先生画出了图问。

"5斗！"大家高兴地争着回答。

马先生在图上经过6人4日那点的纵线和经过1斗2升那点的横线相交的地方，作了一个$E$点，又连$OE$引长到10人10日的纵线，写上一$F$，又问："吃多少米？"

大家都笑了起来，原来一条线也就行了。

至于这题的算法，就是先求出一人一日吃多少米，所以叫作"归一法"。

$$（1.2 \div 4 \div 6）\times 10 \times 10 = 5$$

6人4日吃的 ⋮
      6人1日吃的 ⋮
          1人1日吃的 ⋮
             10人1日吃的   10人10日吃的

例二：6人8日可做完的工程，8人几日可以做完？

数学的困难在这里，它的趣味也在这里。马先生仍叫我们画图，我们仍是"六窍皆通"！依样画葫芦，画了图50。

6人8日的一条$OA$线，我们都能找到。但另一条线呢！马先生叫我们随意另画一条$BC$横线，两头分别和$OA$的两端在同一纵线上，于是从$B$起，每8人一段截到$C$为止，共是6段，便是6日可以做完。

马先生说："这题倒不怪你们做不出，这个只是一种变通的做法，正规的画法留到讲比例时再说，因为这本是一个反比例

图 50

的题目，和例一中正比例的不同。所以就算法上说，也就显然相反。"

$$8 \times 6 \div 8 = 6$$

$$\underbrace{\qquad}_{6人做} \qquad \vdots$$

6人做　　　　8人做

# 12 取长补短算平均

说得文气一点，就是平均算。这是我们很容易明白的，根本上只是一加一除的问题，我本来不曾想到提出这类问题。既然有人提出，而且马先生也解答了，姑且放一个例题在这里。

例：上等酒2斤，每斤3.5角；中等酒3斤，每斤3角；下等酒5斤，每斤2角。三种相混，每斤值多少钱？

如图51所示，横线表示价格，纵线表示酒的重量。*AB*线指

图 51

出10斤酒一共的价钱，经过指示1斤的这一点，作1C平行于AB得C，指示出1斤的价钱是2.6角。

至于算法，更是明白：

$$(3.5×2+3×3+2×5)÷(2+3+5)=2.6$$

上酒　　中酒　下酒　　　　　：

总价　　　　　　总斤数

# 13 还原问题真简单

"因为3加5得8，所以8减去5剩3，而8减去3剩5。又因为3乘5得15，所以3除15得5，5除15得3。这是小学生都已经知道的了。"

"加减法互相还原，乘除法也互相还原，这就是还原算的基础。"马先生这样提出要点来以后，就写出了下面的例题。

例一：某数除以2，得到的商减去5，再3倍，加上8，得20，求某数。

马先生说："这只要一条线就够了，至于画法，正和算法一样，不过是'倒行逆施'。"

如图52所示，自然，我们已能够想出来了。

图 52

（1）在横轴上取OA表20。

（2）从A"反"向截去8得B。

（3）过O任画一直线OL。从O起，在上面连续取相等的3段得O1、12、23。

（4）连3B，作1C平行于3B。

（5）从C起"顺"向加上5得OD。

（6）连1D，作2E平行于1D，得E点，它指示的是18。

这情形和计算时完全相同。

$$[(20-8)\div 3+5]\times 2=18$$

$$\begin{array}{l} \underline{\phantom{xxx}}\,OA \\ \quad \underline{\phantom{xxx}}\,OB \\ \qquad \underline{\phantom{xxx}}\,OC \\ \qquad\quad \underline{\phantom{xxx}}\,OD \\ \qquad\qquad \underline{\phantom{xxx}}\,OE \end{array}$$

例二：某人有桃若干个，拿出一半多1个给甲，又拿出剩余的一半多2个给乙，还剩3个，求原有桃数。

这和前题本质上没有区别，所以只需将图53和算法相对应地写出来：

$$[(3+2)\times 2+1]\times 2=22$$

$$\begin{array}{l} OA余AB \\ OB余的一半 \\ OC先余的 \\ OD原数的一半 \\ OE原数 \end{array}$$

图 53

## 14  从首到尾一画图就知

回答栽树的问题，马先生就只是说："'五个指头四个叉'，你们自己去想吧！"

其实呢，马先生也这样说："杀鸡用不到牛刀，解答这类题，只要按照题意画一个草图就可以明白，不必像前面一样大动干戈了！"

例一：如图54所示，在60丈长的路上，从头到尾，每隔2丈种1株树，共种多少株？

图 54

$60 \div 2 + 1 = 31$

例二：如图55所示，在10丈长的池周，每隔2丈立1根柱子，共有几根柱子？

图 55

$10 \div 2 = 5$

例二的路是首尾相接的，所以起首1根柱子，也就是最后1根。

例三：如图56所示，一丈二尺长的梯子，每段横木相隔一尺二寸，有几根横木？（两端用不到横木。）

| 1.2尺 |
|---|
| 1.2尺 |
| 1.2尺 |
| 1.2尺 |
| 1.2尺 |
| 1.2尺 |
| 1.2尺 |
| 1.2尺 |
| 1.2尺 |
| 1.2尺 |

图 56

$12 \div 1.2 - 1 = 9$

## 15 排方阵快速算人数

这类题，也是可以照题画图57来实际观察的。马先生说为了彻底明白它的要点，各人先画一个图来观察下面的各项：

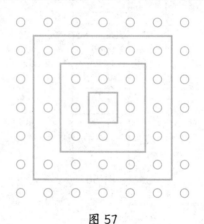

图 57

（1）外层每边多少人？（7）

（2）总数多少人？（7×7）

（3）从外向里第二层每边多少人？（5）

（4）从外向里第三层每边多少人？（3）

（5）中央多少人？（1）

（6）每相邻的两层每边依次少多少人？（2）

"这些就是方阵的秘诀。除此之外，这正用得着兵书上的话

'虚者实之，实者虚之'了。"马先生含笑说道。

例一：三层中空方层，外层每边11人，共有多少人？

"先来'虚者实之'，看共有多少人？"马先生问。

"11乘11，121人。"周学敏回答。

"好！那么，再来'实者虚之'。外面三层，里面剩的顶外层是全方阵的第几层？"

"第四层。"也是周学敏回答。

"第四层每边是多少人？"

"相对于第一层，第二层少2人，第三层少4人，第四层少6人，是5人。"王有道回答。

"计算各层每边的人数有一般的法则吗？"

"第二层少一个2人，第三层少两个2人，第四层少三个2人，所以从外层数起，第某层每边的人数是：

"最外层每边的人数－2人×（层数－1）"

"假如本题按照实心方阵算，除去外边的三层，还有多少人？"

"五五二十五。"我回答。

这样一来，谁都会算了。

$11×11−[11−2×(4−1)]×[11−2×(4−1)]=121−25=96$

实阵人数　　　　　　中心方阵人数　　　　　　　　实际人数

例二：兵一队，排成方阵，多49人，如果纵横各加1行，又差38人，原有兵多少？

马先生首先提出这样一个问题："纵横各加1行，按照原来外层每边的人数说，应当加多少人？"

"2倍外层的人数。"某君回答。

"你这是空想的，不是实际观察得来的。"马先生加以批评。

对于这批评，某君不服气，他用铅笔在纸上画出图58来看，才明白了"还需加上1个人"。

图 58

"本题，每边加1行共加多少人？"马先生问。

"原来多的49人加上后来差的38人，共87人。"周学敏回答。

"那么，原来的方阵外层每边几个人？"

"87减去1，角落上的，再折半，得43人。"周学敏回答。

马先生指定我将式子列出，我只好在黑板上去写，还好，没有错。

$$[(49+38-1)\div 2]\times[(49+38-1)\div 2]+49=1898$$

例三：1296人排成12层的中空方阵，外层每边有几人？

观察！观察！马先生又指导我们观察了！所要观察的是，每边各层都按照外层的人数算，是怎么一回事！

清清楚楚地，AEFD、BCHG，横看每排的人数都和外层每边的人数相同。换句话说，全部的人数便是层数乘外层每边的人数。而竖着看，ABJI和CDKL也是一样。

这和本题有什么关系呢？我想了许久，看了又看，还是觉得莫明其妙!

后来,马先生才问:"如图59所示,依照这种情形,我们算成总共的人数是4个*AEFD*的人数,行不行?"

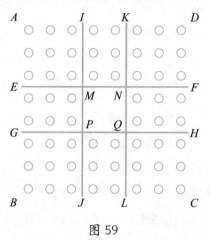

图 59

自然不行,算了2个*AEFD*已只剩2个*EGPM*了。所以如果要算成4个,必须加上4个*AEMI*,这是大家讨论的结果。至于*AEMI*的人数,就是层数乘层数。这一来,算法也就明白了。

(1296+12×12×4)÷4÷12=39···外层每边人数

原人数 *AEMI*人数 层数

*AEFD*人数

例四:有兵一队,正好排成方阵。后来减少12排,每排正好添上30人,这队兵是多少人?

越来越糟,我简直是坠入迷魂阵了!马先生先在黑板上画出图60。然后,便一句话也不说,只是静悄悄地看着我们。自然,这是他想让我们自己思索,但是从哪儿下手呢?看了又看,想了又想，我只得到了这几点：

图 60

（1）ABCD是原来的人数。

（2）MBEF也是原来的人数。

（3）AMGD是原来12排的人数。

（4）GCEF也是原来12排的人数，还可以看成是30乘"原来每排人数减去12"的人数。

（5）DGFH的人数是12×30。

我所能想到的，就只有这几点，但是它们有什么关系呢？无论怎样我也想不出别的什么了！

周学敏还是令我佩服的，在我百思不得其解的时候，他已算了出来。马先生就叫他讲给我们听。最初他所讲的，原只是我已想到的5点。接着，他便说明下去。

（6）因为AMGD和GCEF的人数一样，所以各加上DGFH，人数也是一样，就是AMFH和DCEH的人数相等。

（7）AMFH的人数是"原来每排人数加30"的12倍，也就是原来每排的人数的12倍加上12乘30人。

（8）DCEH的人数却是30乘原来每排的人数，也就是原来每排人数的30倍。

（9）由此可见，原来每排人数的30倍与它的12倍相差的是12乘30人。

（10）所以，原来每排人数是30×12÷（30－12），而全部的人数是：

$$[30×12÷（30－12）]×[30×12÷（30－12）]=400$$

可不是吗？400人排成方阵，恰好每排20人，一共20排，减少12排，便只剩8排，而减去的人数一共是240，平均添在8排上，每排正好加30人。

为什么周学敏会转这么一个弯，我却不会呢？我真是又羡慕，又嫉妒啊！

# 16 七零八落巧妙算

大家所提到的，只剩下面三个形式各别的题了。

例一：有人自日出至午前10时行19里125丈，自日落至午后9时，行7里140丈，求昼长多少？

素来不皱眉头的马先生，听到这题时却皱眉头了。这题真难吗？似乎"眉头一皱，计上心来"一样，马先生这样解释：

"这题数目太啰唆，我来把题目改一下吧！有人自日出至午前10时行10里，自日落至午后9时行4里，求昼长多少？"

这个题的要点，便是"从日出到正午，和自正午到日落，时间相等"。因此，用图61的纵线表时间，我们不妨画18小时，从午前3时到午后9时，那么，正午前后都是9小时。既然从正午到日出、日落的时间一样，就可以假设这人是从午前3时走到午前10时，共走14里，所以得表示行程的OA线。

这自然很明白了，将OA引长到B，所指示的就是，假如这个人从午前3时一直走到午后9时，便是18小时共走36里。他的速度由AB线所表示的"定倍数"的关系，就可知是每小时2里了。

午后9时走到36里，从日落到午后9时走的是4里，回到32里的地方，往上看，得C点。横看，得午后7时，可知日落是在午后7时，隔正午7小时，所以昼长是14小时。

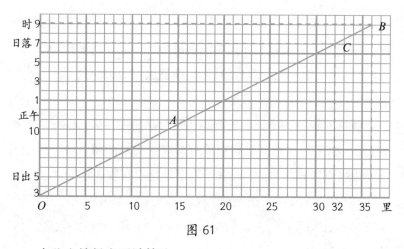

图 61

由此也就得出了计算法：

4÷2=2　日落到午后9时的小时数

（10+4）÷（9-2）=2　每小时的速度。

⋮　　　⋮

正午到午后9　午前10时到正

时的小时数　　午的小时数

（9 - 2）× 2 = 14

⋮　　　　　⋮

正午到日落的小时数　昼长

依样画葫芦，本题的计算如下：

9-2=7　从午前3时到10时的小时数

（19125+7140）÷（9-2）=3145　每小时的速度

7140÷3145=2　从日落到午后9时的小时数

（9-2）×2=14　昼长

例二：有甲、乙两名旅客，乘三等火车，所带行李共200斤，除二人三等车行李无运费的重量外，甲应付超重费1元8角，乙应付1元。如果把行李分给1人，则超重费为3元4角，三等车每人所带行李不超重的重量是多少？

我居然也找到了这题的要点，从3元4角中减去1元8角，再减去1元，加上3元4角便是超重的行李应当支付的超重费。但是图还是由王有道画出来的，马先生对于这题没有发表意见。

如图62所示，用横线表钱数，3元4角（OC）减去1元8角（OA），又减去1元（AB），剩6角（BC），剩下钱加3元4角元上便得4元（OD）。

图 62

这就表明如果200斤行李都要支付超重费，便要支付4元，因得OE线。往6角一点向上看得F，再横看得30斤，就是所求重量。

$(34-18-10) \div [(34+34-18-10) \div 200] = 30$ 就是所求的斤数。

例三：有一个两位数，其十位数字与个位数字交换位置后，与原数的和为143，而原数减其倒转数①则为27，求原数。

"用这个题来结束所谓四则问题，倒很好！"马先生在疲惫中显着兴奋，"我们暂且丢开本题，来观察一下两位数的性质。这也可以勉强算是一个科学方法的小演习，同时也是寻求解决数学问题的门槛。"说完，他就列出了下面的表格：

| 原　　数 | 12 | 23 | 34 | 47 | 56 |
|---|---|---|---|---|---|
| 倒转数 | 21 | 32 | 43 | 74 | 65 |

"现在我们来观察，说是实验也无妨。"马先生说。

"原数和倒转数的和是什么？"

"33、55、77、121、121。"

"在这几个数中间你们看得出什么关系吗？"

"都是11的倍数。"

"我们说凡是两位数同它倒转数的和都是11倍数吗？"

"……"没有人回答。

"再来看各是11的几倍？"

"3倍，5倍，7倍，11倍，11倍。"

"这各个倍数和原数有什么关系吗？"

我们大家静静地看了一阵，四五个人一同回答：

"原数的个位数字与十位数字的和分别是3、5、7、11、11！"

---

① 将它的各位数字顺序调换，如123的倒转数是321。

"你们能找出其中的理由来吗？"

"12是由几个1、几个2合成的？"

"10个1，1个2。"王有道回答。

"它的倒转数呢？"

"1个1，10个2。"周学敏回答。

"那么，它俩的和中有几个1和几个2？"

"11个1和11个2。"我也明白了。

"11个1和11个2，共有几个11？"

"3个！"许多人回答。

"我们说凡是两位数与它倒转数的和，都是11的倍数吗？"

"可以！"我们真快活极了。

"凡是两位数与它倒转数的和，都是它数字和的11倍吗？"

"当然可以！"一齐回答。

"这是这类问题的一个要点，还有一个要点，是从差方面看出来的。你们去'发明'吧！"

按部就班就能得到答案：凡是两位数与它的倒转数的差，都是它的两数字差的9倍。有了这两个要点，本题自然迎刃而解了！

$$[(143 \div 11) + (27 \div 9)] \div 2 = 8（大数字）$$

$$\vdots \qquad\qquad \vdots$$

两数字和　两数字差

$$[(143 \div 11) - (27 \div 9)] \div 2 = 5（小数字）$$

因为原数减其倒转数，原数中十位数字应当大一些，所以原数是85。85加58得143，而85减去58正是27，真是巧妙极了！

# 17 倍数与约数的计算

昨天马先生结束了四则问题以后，叫我们复习关于质数、最大公约数和最小公倍数的问题。晚风习习，我取了一本《开明算术教本》上册，翻开第七章，温习这些内容。

从前学习它们的时候，着实感到困难。现在不能说一点困难都没有，不过，已经不再像以前那样摸不着头脑了。怀着这样的心情，今天，到课堂去听马先生的讲演。

"我叫你们复习的，都复习过了吗？"马先生一走上讲台就问。

"复习过了！"两三个人齐声回答。

"那么，有什么问题？"

每个人都是瞪大双眼，望着马先生，没有一个问题提出来。马先生在这静默中，看了全体一遍：

"学数学的人，大半在这一部分不会感到什么困难的，你们大概也不会有什么问题了。"

我不曾发觉什么困难，照这样说，自然是由于这部分问题比较容易的缘故。心里这么一想，就期待着马先生的下文。

"既然大家都没有问题，我且提出一个来问你们：这部分问题，我们也用画图来处理它吗？"

"那似乎可以不必了！"周学敏回答。

"似乎？可以就可以，不必就不必，何必'似乎'！"马先生笑着说。

"不必！"周学敏斩钉截铁地说。

"问题不在必和不必。既然有了这样一种法门，正可拿它来试试，看变得出什么花招来，不是也很有趣吗？"说完，马先生停了一停，再问，"这一部分所处理的材料是些什么？"

当然，这是谁也答得上来的，大家抢着说："找质数。"

"分质因数。"

"求最大公约数和最小公倍数。"

"归根结底，不过是判定质数和计算倍数与约数，这只是一种关系的两面。比如12是6，4，3，2的倍数，反过来看，6，4，3，2便是12的约数了。"马先生这样结束了大家的话。

"你们将横线每一大段当1表示倍数，纵线每一小段当1表示数目，画表示2的倍数和3的倍数的两条线。"马先生指示着我们说。

这只是"定倍数"的问题，已没有一个人不会画了。马先生在黑板上也画了图63。

"从这图上，可以看出些什么来？"马先生问。

"2的倍数是2，4，6，8，10，12。"我答。

"3的倍数是3，6，9，12，15，18。"周学敏说。

"还有呢？"

"5，7，11，13，17都是质数。"王有道说。

"怎么看出来的？"

这几个数都是质数，我本是知道的，但从图上怎么看出来的，我却茫然了。马先生的追问，正是我的疑问了。

"OA和OB两条线都没有经过它们，所以它们既不是2的倍数，也不是3的倍数……"说到这里，王有道突然停住了。

图 63

"怎样?"马先生问道。

"它们总是质数呀!"王有道很不自然地说。这一来大家都已发现，这里面一定有了漏洞，王有道大概已明白了。不期而然地，大家一齐笑了起来。我也是跟着笑的，不过我并未发现这漏洞。

"这没有什么可笑的。"马先生很郑重地说，"王有道，你回答的时候也有点迟疑了，为什么呢?"

"由图上看来，它们都不是2和3的倍数，而且我知道它们都是质数，所以我那样说。但突然想到，25既不是2和3的倍数，也不是质数，便疑惑起来了。"王有道这么一解释，我才恍然大悟，漏洞原来在这里。

马先生露出很满意的笑容，接着说:"其实这个判定法，本是对的，不过欠精密一点，你是上了图的当。假如图还可以画得详细些，你就不会这样说了。"

马先生叫我们另画一个较详细的图，如图64所示，将表示
2，3，5，7，11，13，17，19，23，29，31，37，41，43，47各

图 64

倍数的线都画出来。（这里的图，右边截去了一部分。）不用说，这些数都是质数。

图64中，50以内的合数当然可以很清楚地看出来。不过，我有点怀疑。马先生原来是要我们从图上找质数，既然把表示质数的倍数的线都画了出来，还用得找什么质数呢？

马先生还叫我们画一条表示6的倍数的线OP。他说："由这张图看，当然再不会说，不是2和3的倍数的，便是质数了。你们再用表示6的倍数的一条线OP作标准，仔细看一看。"

经过十多分钟的观察，我发现了："质数都比6的倍数少1或多1。"

"不错。"马先生说，"但是应得补充一句，除了2和3。"这确实是我不曾注意到的。

"为什么5以上的质数都比6的倍数少1或多1呢？"周学敏提出了这样一个问题。

马先生叫我们回答，但没有人答得上来，他说："这只是事实问题，不是为什么的问题。换句话说，便是整数的性质本来如此，没有原因。"

对于这个解释，大家好像都有点莫名其妙，没有一个人说话。马先生接着说："一点也不稀罕！你们想一想，随便一个数，用6去除，结果怎样呢？"

"有的除得尽，有的除不尽。"周学敏说道。

"除得尽的就是6的倍数，当然不是质数。除不尽的呢？"

没有人回答，我也想得到有的是质数，如23；有的不是质数，如25。

马先生见没有人回答，便这样说："你们想想看，一个数用6

去除，如果除不尽，它的余数是什么？"

"1，例如7。"周学敏说。

"5，例如17。"另一个同学又说。

"2，例如14。"又是一个同学说。

"4，例如10。"其他两个同学同时说。

"3，例如21。"我也想到了。

"没有了。"王有道来一个结束语。

"很好！"马先生说，"用6除剩2的数，有什么数可把它除尽吗？"

"2。"我想它用6除剩2，当然是个偶数，可用2除得尽。

"那么，除了剩4的呢？"

"一样！"我高兴地说。

"除了剩3的呢？"

"3！"周学敏快速地说。

"用6除了剩1或5的呢？"

这我也明白了。5以上的质数既然不能用2和3除得尽，当然也不能用6除得尽。用6去除不是剩1便是剩5，都和6的倍数差1。

不过马先生又另外提出一个问题："5以上的质数都比6的倍数差1，掉转头来，可不可以这样说呢？比6的倍数差1的都是质数？"

"不！"王有道说，"例如25是6的4倍多1，35是6的6倍少1，都不是质数。"

"这就对了！"马先生说，"所以你刚才用不是2和3的倍数来判定一个数是质数，是不精密的。"

"马先生！"我的疑问始终不能解释，趁他没有说下去，我便问："由作图的方法，怎样可以判定一个数是不是质数呢？"

"刚才画的线都是表示质数的倍数的，你们会想到，这不能用来判定质数。但是如果从画图的过程看，就可明白了。首先画的是表示2的倍数的线$OA$，由它，你们可以看出哪些数不是质数呢？"

"4，6，8，…大于2的一切偶数。"我答道。

"接着画表示3的倍数的线$OB$呢？"

"6，9，12，…"一个同学说。

"4既然不是质数，上面一个是5，第三就画表示5的倍数的线$OC$。"这一来又得出它的倍数10，15，…再依次上去，6已是合数，所以只好画表示7的倍数的线$OD$。接着，8，9，10都是合数，只好画表示11的倍数的线$OE$。

"照这样做下去，把合数渐渐地淘汰了，所画的线所表示的不全都是质数的倍数吗？这个图，我们不妨叫它质数图。"

"我还是不明白，用这张质数图，怎样判定一个数是否是质数？"我跟着发问。

"这真叫作百尺竿头，只差一步了！"马先生很诚恳地说，"你试举一个合数与一个质数出来。"

"15与37。"

"从15横看过去，有些什么数的倍数？"

"3的和5的。"

"从37横着看过去呢？"

"没有！"我已懂得了。在质数图上，由一个数横看过去，如果有别的数的倍数，它自然是合数；一个也没有的时候，它就是质数。不只这样，例如15，还可知道它的质因数是3和5。最简单的，6含的质因数是2和3。

马先生还说，用这个质数图把一个合数分成质因数，也是容易的。这法则是这样：

例一：将35分成质因数的积。

由35横看到D得它的质因数，有一个是7，往下看是5，它已是质数，所以35＝7×5。

本来，如果这图的右边没有截去，7和5都可由图上直接看出来的。

例二：将12分成质因数的积。

由12横看得Q，表示3的4倍。4还是合数，由4横看得R，表示2的2倍，2已是质数，所以12＝3×2×2＝3×$2^2$。

关于质数图的做法，以及用它来判定一个数是否是质数，用它来将一个合数拆成质因数的积，我们都已明白了。马先生提出求最大公约数的问题。前面说过的既然已明了，这自然是迎刃而解的了。

例三：求12，18和24的最大公约数。

从质数图上，如图65所示，我们可以看出24，18和12都有约数2，3和6。它们都是24，18，12的公约数，而6就是所求的最大公约数。

"假如不用质数图，怎样由画图法找出这三个数的最大公约数呢？"马先生问王有道。

王有道一边思索，一边用手指在桌上画来画去，后来他这样回答："把最小一个数以下的质数找出来，再画出表示这些质数的倍数的线。由这些线上，就可看出各数所含的公共质因数。它们的乘积，就是所求的最大公约数。"

图 65

例四：求6，10和15的最小公倍数。

依照前面各题的解法，本题是再容易不过了。如图66所示，*OA*、*OB*、*OC*相应地表示6、10、15的倍数。*A*、*B*和*C*同在30的一条横线上，30便是所求的最小公倍数。

图 66

例五：某数，3个3个地数，剩1个；5个5个地数，剩2个；7个7个地数，也剩1个，求某数。

马先生写好了这个题，叫我们讨论画图的方法。自然，这不是很难，经过一番讨论，我们就画出图67来。1$A$，2$B$，1$C$各线分别表示3的倍数多1，5的倍数多2，7的倍数多1。而这三条线都经过22的线上，22即是所求的。

图 67

马先生说，这是最小的一个，加上3，5，7的公倍数，都合题。不是吗？22正是3的7倍多1，5的4倍多2，7的3倍多1。

"你们由画图的方法，总算把答案求出来了，但是算法是什么呢？"马先生这一问，却把我们难住了。

先是有人说是求它们的最小公倍数，这当然不对，3，5，7的最小公倍数是105呀！后来又有人说，从它们的最小公倍数中减去3，除所余的1。也有人说减去5，除所余的2。自然都不是。

从图上细看，也毫无结果。最终只好去求教马先生了。他见大家都束手无策，便开口道："这本来是一个老题目，它还有一个别致的名称'韩信点兵'。它的算法有一首诗：

三人同行七十稀，五树梅花廿一枝，

七子团圆月正半，除百零五便得知。

你们懂得这诗的意思吗？"

"不懂！不懂！"许多人都说。

于是马先生加以解释："这也和'无边落木萧萧下'的谜一样。'三人同行七十稀'，是说3除所得的余数用70去乘它。'五树梅花廿一枝'，是说5除所得的余数，用21去乘。'七子团圆月正半'，是说7除所得的余数用15去乘。除105便得知，是说把上面所得的3个数相加，加得的和如果大于105，便把105的倍数减去。因此得出来的，就是最小的一个数。好！你们依照这个方法将本题计算一下。"

下面就是计算的式子：

$1 \times 70 + 2 \times 21 + 1 \times 15 = 70 + 42 + 15 = 127$

$127 - 105 = 22$

奇怪！对是对了，但为什么呢？周学敏还拿出了一个题，"三三数剩二，五五剩三，七七数剩四"来试，

$2 \times 70 + 3 \times 21 + 4 \times 15 = 140 + 63 + 60 = 263$

$63 - 105 \times 2 = 263 - 210 = 53$

53正是3的17倍多2，5的10倍多3，7的7倍多4。真奇怪！但是为什么？

对于这个疑问，马先生说，把上面的式子改成下面的形式，就明白了。

$$2\times70+3\times21+4\times15=2\times(69+1)+3\times21+4\times15$$
$$=2\times23\times3+2\times1+3\times7\times3+4\times5\times3 \quad (1)$$
$$=(2\times23+3\times7+4\times5)\times3+2\times1$$

$$2\times70+3\times21+4\times15=2\times70+3\times(20+1)+4\times15$$
$$=2\times14\times5+3\times4\times5+3\times1+4\times3\times5 \quad (2)$$
$$=(2\times14+3\times4+4\times3)\times5+3\times1$$

$$2\times70+3\times21+4\times15=2\times70+3\times21+4\times(14+1)$$
$$=2\times10\times7+3\times3\times7+4\times2\times7+4\times1 \quad (3)$$
$$=(2\times10+3\times3+4\times2)\times7+4\times1$$

"这三个式子，可以说是同一个数的三种解释：（1）表明它是3的倍数多2。（2）表明它是5的倍数多3。（3）表明它是7的倍数多4。这不是正和题目所给的条件相合吗？"

马先生说完了，王有道似乎已经懂得，但是又有点怀疑的样子。他犹豫了一阵，向马先生提出这么一个问题："用70去乘3除所得的余数，是因为70是5和7的公倍数，又是3的倍数多1。用21去乘5除所得的余数，是因为21是3和7的公倍数，又是5的倍数多1。用15去乘7除所得的余数，是因为15是5和3的公倍数，又是7的倍数多1。这些我都明白了。但是，这70，21和15怎么找出来的呢？"

"这个问题，提得很合适！"马先生说，"这类题的要点，就在这里。但这些数的求法，说来话长，你们可以去看开明书店出版的《数学趣味》，里面就有一篇专讲'韩信点兵'的。不过，本题三个除数都很简单，70，21，15都容易推出来。5和7的最小公倍数是什么？"

"35！"一个同学回答。

"3除35，剩多少？"

"2！"另一个同学回答。

"注意！我们所要的是5和7的公倍数，同时又是3的倍数多1的一个数。35当然不是，将2去乘它，得70，既是5和7的公倍数，又是3的倍数多1。至于21和15情形也相同。不过21已是3和7的公倍数，又是5的倍数多1；15已是5和3的公倍数，又是7的倍数多1，所以用不到再把什么数都去乘它了。"

最后，马先生还补充一句："我提出这个题的原意，是要你们知道，它的形式虽然和求最小公倍数的题相同，实质上却是两回事，必须要加以注意。"

# 18 分数的简单表示

"分数是什么？"马先生今天的第一句话。

"是许多个小单位聚合成的数。"周学敏答道。

"你还可以说得明白点吗？"马先生又问。

"例如 $\frac{3}{5}$，就是3个 $\frac{1}{5}$ 聚合成的，$\frac{1}{5}$ 对于1做单位说，是一个小单位。"周学敏说。

"好！这也是一种说法，而且是比较实用的。照这种说法，怎样用线段表示分数呢？"马先生问。

"和表示整数一样，不过用表示1的线段的若干分之一做单位罢了。"王有道这样回答以后，马先生叫他在黑板上作出图68来。其实，这是以前无形中用过的。

图 68

"分数是什么？还有另外的说法没有？"马先生等王有道回到座位坐好后问。经过好几分钟还是没有人回答，他又问：

"$\frac{4}{2}$ 是多少？"

"2!"谁都知道。

"$\frac{18}{3}$ 呢？"

"6。"大家一同回答，心里都好像以为这只是不成问题的问题。

"$\frac{1}{2}$ 呢？"

"0.5。"周学敏回答。

"$\frac{1}{4}$ 呢？"

"0.25。"还是他回答。

"你们回答的这些数，分数的值，怎么来的？"

"自然是除得来的呀。"依然是周学敏回答。

"自然！自然！"马先生，"就顺了这个自然，我说，分数是表示两个数相除而未除所成的数，可不可以？"

想着，当然是可以的，但没有一个人回答。大概他们和我一样，觉得没把握吧，只好由马先生自己回答了。

"自然可以，而且在理论上，更合适。分子是被除数，分母便是除数。本来，也就是因为两个整数相除，不一定除得干净，在除不尽的场合，如 $13 \div 5 = 2 \cdots 3$，不但说起来啰唆，用起来更大大地不方便，急中生智，才造出这个 $\frac{13}{5}$ 来。"

这样一来，变成用两个数联合起来表示一个数了。马先生说，就因为这样，分数又有一种用线段表示的方法。

他说用横线表示分母，用纵线表示分子，叫我们找 $\frac{1}{2}$，$\frac{2}{4}$，$\frac{3}{6}$ 各点。我们得出了 $A_1$，$A_2$ 和 $A_3$，连起来就得直线 $OA$。他又叫我们找 $\frac{3}{5}$，$\frac{6}{10}$ 两点，连起来得直线 $OB$，如图69所示。

图 69

"$\frac{1}{2}$，$\frac{2}{4}$ 和 $\frac{3}{6}$ 的值是一样的吗？"马先生问。

"一样的！"我们回答。

"表 $\frac{1}{2}$，$\frac{2}{4}$，$\frac{3}{6}$ 的各点 $A_1$，$A_2$，$A_3$，都在一条直线上，由这线上，还能找出其他分数来吗？"大家争着，你一句，我一句地回答：

"$\frac{4}{8}$。"

"$\frac{5}{10}$。"

"$\frac{6}{12}$。"

"$\frac{7}{14}$。"

"这些分数的值怎样？"

"都和 $\frac{1}{2}$ 的相等。"周学敏很快回答，我也是明白的。

"再就直线 $OB$ 看，有几个同值的分数？"

"三个，$\frac{3}{5}$，$\frac{6}{10}$，$\frac{9}{15}$。"几乎是全体同时回答。

"不错！这样看来，表同值分数的点，都在一条直线上。反过来，一条直线上的各点所指示的分数是不是都是同值的呢？"

"……"我想回答一个"是"字，但找不出理由来，最终没有回答，别人也只是低着头想。

"你们在线上随便指出一点来试试看。"

"$A_8$。"我说。

"$B_4$。"周学敏说。

"$A_8$指示的分数是什么？"

"$\dfrac{4\frac{1}{2}}{9}$。"王有道说。后来马先生说，这是一个繁分数，叫我们将它化简来看。

$$\frac{4\frac{1}{2}}{9}=\frac{\frac{9}{2}}{9}=\frac{9}{2}\times\frac{1}{9}=\frac{1}{2}$$

$B_4$所指示的分数，依样画葫芦，我们得出：

$$\frac{4\frac{1}{2}}{7\frac{1}{2}}=\frac{\frac{9}{2}}{\frac{15}{2}}=\frac{9}{15}=\frac{3}{5}$$

"由这样看来，对于前面的问题，我们可不可以回答一个'是'字呢？"马先生郑重地问。没有人回答。

"我来一个自问自答吧！"马先生，"可以，也不可以。"惹得大家哄堂大笑。

"不要笑，真是这样。实际上，本是如此，所以你回答一个'是'字，别人绝不能提出反证来。不过，在理论上，你现在没有给它一个充分的证明，所以你回答一个'不可以'，也是你虚心求稳。我得结束一句，再过一年，你们学完了平面几何，就会给它一个证明了。"

接着，马先生又提醒我们，将这图从左看到右，又从右看到左。先是：$\frac{1}{2}$ 变成 $\frac{2}{4}$、$\frac{3}{6}$、$\frac{4}{8}$、$\frac{5}{10}$、$\frac{6}{12}$、$\frac{7}{14}$；而 $\frac{1}{5}$ 变成 $\frac{2}{10}$、$\frac{3}{15}$，它们正好表示扩分的变化。用同数乘分子和分母。

后来，正相反，$\frac{7}{14}$、$\frac{6}{12}$、$\frac{5}{10}$、$\frac{4}{8}$、$\frac{2}{4}$ 都变成 $\frac{1}{2}$；而 $\frac{3}{15}$、$\frac{2}{10}$ 都变成 $\frac{1}{5}$。它们恰好表示约分的变化。用同数除分子和分母。

啊！多么简单明了，而且趣味丰富啊！谁说数学是呆板、枯燥、无趣的呢？然而用这种方法表示分数，它的效用就此可叹为观止了吗？不！还有更浓厚的趣味呢。

第一，是通分，马先生提出下面的例题。

例一：化 $\frac{3}{4}$，$\frac{5}{6}$ 和 $\frac{3}{8}$ 为同分母的分数。

这个问题的解决，真是再轻松不过了。我们只依照马先生的吩咐，在图70上画出表示这三个分数 $\frac{3}{4}$、$\frac{5}{6}$ 和 $\frac{3}{8}$ 三条线，$OA$、$OB$和$OC$，马上就看出来 $\frac{3}{4}$ 扩分可成 $\frac{18}{24}$、$\frac{5}{6}$ 可成 $\frac{20}{24}$，而 $\frac{3}{8}$ 可成 $\frac{9}{24}$，正好分母都是24，真是简单极了。

第二，是比较分数的大小。

就用上面的例子和图，便可说明白。把三个分数，化成了同分母的，因为，

$$\frac{20}{24} > \frac{18}{24} > \frac{9}{24}$$

图 70

所以知道，

$$\frac{5}{6} > \frac{3}{4} > \frac{3}{8}$$

这个结果，图上显示得非常清楚，$OB$ 线高于 $OA$ 线，$OA$ 线高于 $OC$ 线，无论这三个分数的分母是否相同，这个事实绝不改变，还用得着通分吗？照分数的性质说，分子相同的分数，分母越大那么分数的值越小。这一点，图上显示得更清楚了。

第三，这是普通算术书上不常见到的，就是求两个分数间，有一定分母的分数。

例二：求 $\frac{5}{8}$ 和 $\frac{7}{18}$ 中间，分母为14的分数。

先画表示 $\frac{5}{8}$ 和 $\frac{7}{18}$ 的两条直线 $OA$ 和 $OB$，由分母14这一点往上看，处在 $OA$ 和 $OB$ 间的，分子的数是6（$C_1$）、7（$C_2$）和

8（$C_3$）。这三点所显示的分数是 $\frac{6}{14}$、$\frac{7}{14}$、$\frac{8}{14}$，便是所求的。

不是吗？这多么直截了当啊！马先生叫我们用算术计算法来解这个问题，以相比较。我们讨论一下得出一个要点，先通分。因为这一来好从分子的大小，决定各分数。通分的结果，8，14和18的最小公倍数是504，而 $\frac{5}{8}$ 变成 $\frac{315}{504}$，$\frac{7}{18}$ 变成 $\frac{196}{504}$，所求的分数就在 $\frac{315}{504}$ 和 $\frac{196}{504}$ 中间，分母是504，分子比196大，比315小。

"这还不够。"王有道的意见，"因为题上所要求的，限于14做分母的分数。公分母504是14的36倍，分子必须是36的倍数，才约得成14做分母的分数。"

这个意见当然很对，而且也是本题要点之一。依照这个意见，我们找出在196和315中间，36的倍数，只有216（6倍）、252（7倍）和288（8倍）三个。而：$\frac{216}{504} = \frac{6}{14}$，$\frac{252}{504} = \frac{7}{14}$，$\frac{288}{504} = \frac{8}{14}$ 与前面所得的结果完全相同，但步骤却繁琐得多。

马先生还提出一个计算起来比这更繁琐的题目，但由作图法解决，真不过是"举手之劳"。

例三：求分母是10和15中间各整数的分数，分数的值限于在0.6和0.7中间。

图71中$OA$和$OB$两条直线，分别表示 $\frac{6}{10}$ 和 $\frac{7}{10}$。因此所求的各分数，就在它们中间，分母限于11，12，13和14四个数。由图71上，一眼就可以看出来，所求的分数只有下面五个：

$$\frac{7}{11}、\frac{8}{12}、\frac{8}{13}、\frac{9}{13}、\frac{9}{14}$$

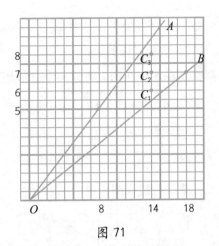

图 71

第四，分数怎样相加减？

例四：求 $\dfrac{3}{4}$ 和 $\dfrac{5}{12}$ 的和与差。

总是要画图的，马先生写完题以后，我就将表示 $\dfrac{3}{4}$ 和 $\dfrac{5}{12}$ 的两条直线 $OA$ 和 $OB$ 画好，如图72所示。

图 72

"异分母分数的加减法，你们都已知道了吧？"马先生。

"先通分！"周学敏迅速说道。

"为什么要通分呢？"

"因为把分数看成许多小单位集合成的，单位不同的数，不能直接相加减。"周学敏加以说明。

"对的！那么现在怎样在图上将这两个分数相加减呢？"

"两个分数的最小公分母是12，通分以后，$\frac{3}{4}$变成$\frac{9}{12}$，$A_2$所表示的；$\frac{5}{12}$还是$\frac{5}{12}$，$B_1$所表示的。如图73所示，在12这条纵线上，从$A_2$起加上5，得$C_1$（$A_2C_1$等于$12B_1$），$OC_1$这条直线就表示所求的和$\frac{14}{12}$。"王有道详细说道。

图 73

与"和"的做法相反，"差"的做法我也明白了。从$A_2$起向下截去5，得$D_1$，$OD_1$这条直线，就表示所求的差$\frac{4}{12}$。"$OC_1$和$OD_1$两条直线表示分数，最左各是什么？"马先生问。

一个是$\frac{7}{6}$，$C_2$所表示的。一个是$\frac{1}{3}$，$D_2$所表示的。这个说明了什么呢？马先生指示我们，就是在算术中，加得的和，如$\frac{14}{12}$，同减得的差，如$\frac{4}{12}$，可约分的时候，都要约分。而在这里，只要看最左的一个分数就行了，真方便啊！

## 19 分数应用的三大类

马先生说，分数的应用问题，大体看来，可分成三大类：

第一，和整数的四则运算问题一样，不过有些数目是分数罢了。以前的例子中已有过，即如"大小两数的和是 $1\frac{1}{10}$，差是 $\frac{2}{5}$，求两数。"

第二，和分数性质有关。这样的题目，"万变不离其宗"，归根到底，不过三种形态：

（1）知道两个数，求一个数是另一个数的几分之几。

（2）知道一个数，求它的几分之几是什么。

（3）知道一个数的几分之几，求它是什么。

如果用 $a$ 表示一个分数的分母，$b$ 表示分子，$m$ 表示它的值，那么：

$$m = \frac{b}{a}$$

（1）是知道 $a$ 和 $b$，求 $m$。

（2）求一个数 $n$ 的 $\frac{b}{a}$ 是多少。

（3）一个数的 $\frac{b}{a}$ 是 $n$，求这个数。

第三，单纯是分数自身的变化。如"有一分数，其分母加

1，可约为 $\frac{3}{4}$；分母加2，可约为 $\frac{2}{3}$，求原数。"

这次，马先生所讲的，就是第二类中的（1）。

例一：把一颗骰子连掷36次，正好出现6次红，再掷1次，出现红的概率是多少？

"这个题的意思，是就36次中出现6次说，看它占几分之几，再用这个数来预测下次的几率。这种计算，叫概率。"马先生说。

如图74所示，纵线36横线6的交点是 $A$，连 $OA$，这直线就表示所求的分数，$\frac{6}{36}$。它可被约分成 $\frac{3}{18}$、$\frac{2}{12}$、$\frac{1}{6}$，和 $\frac{4}{24}$、$\frac{5}{30}$ 都等值，最简的一个就是 $\frac{1}{6}$。

图 74

例二：酒精3.5升同水5升混合成的酒，酒精占多少？

实质上，本题和前一题，没有什么两样，只分母需取3.5＋5＝8.5这一点。如图75所示，这一点的纵线和3.5这点的横线相交于 $A$。连 $OA$，得表示所求的分数的直线。

但直线上，从 $A$ 向左，找不出简分数来。如果将它适当地引长到 $A_1$，则得最简分数 $\frac{7}{17}$。用算术上的方法计算，便是：

$$\frac{3.5}{3.5+5} = \frac{3.5}{8.5} = \frac{35}{85} = \frac{7}{17}$$

图 75

# 20 分数求偏的算法

例一：求35元的 $\frac{1}{7}$、$\frac{3}{7}$ 各是多少。

"你们觉得这个问题有什么困难吗？"马先生问。

"分母是一个数，分子是一个数，35元又是一个数，一共三个数，怎样画呢？"我感到的困难就在这一点。

"那么，把分数就看成一个数，不是只有两个数了吗？"马先生说，"其实在这里，还可直截了当地看成一个简单的除法和乘法的问题。你们还记得我所讲过的除法的画法吗？"

"记得！如图76所示，任意画一条 $OA$ 线，从 $O$ 起，在外面取等长的若干段……"我还没有说完，马先生就接了下去：

图 76

"在这里，假如我们用横线（或纵线）表元数，就可以用纵线（或横线）当任意直线$OA$。就本题说，任取一小段作$\frac{1}{7}$，依次取$\frac{2}{7}$、$\frac{3}{7}$，直到$\frac{7}{7}$就是1。也可以先取一长段作1，就是$\frac{7}{7}$，再把它分成7个等分。这样一来，要求35元的$\frac{1}{7}$，怎样做法？"

"先连1和35，再经过$\frac{1}{7}$画它的平行线，和表示元数的线交于5，就是表明35元的$\frac{1}{7}$是5元。"周学敏回答。

毫无疑问，经过$\frac{3}{7}$这一点照样作平行线，就得35元的$\frac{3}{7}$是15元。如果我们$\frac{2}{7}$，$\frac{4}{7}$，…也作同样的平行线，则35元的$\frac{1}{7}$，$\frac{2}{7}$，$\frac{3}{7}$，…都能一目了然了。

马先生进一步指示我们：由本题看来，$\frac{1}{7}$是5元，$\frac{2}{7}$是10元，$\frac{3}{7}$是15元，$\frac{4}{7}$是20元…以至于$\frac{7}{7}$（全数）是35元。可知，如果把$\frac{1}{7}$作单位，$\frac{2}{7}$，$\frac{3}{7}$，$\frac{4}{7}$，…相应地就是它的2倍，3倍，4倍，…

所以我们如果把倍数的意义看得宽一些，分数的问题，本源上，和倍数的问题，没有什么差别。求35元的2倍，3倍，…和求它的$\frac{2}{7}$，$\frac{3}{7}$，…都同样用乘法：

$$35 \times 2 = 70, \quad 35 \times 3 = 105 \text{（倍数）}$$
$$35 \times \frac{2}{7} = 10, \quad 35 \times \frac{3}{7} = 15 \text{（分数）}$$

广义的倍数

归结一句：知道一个数，要求它的几分之几，和求它的多少倍一样，都是用乘法。

例二：华民有48元，将$\frac{1}{4}$给他弟弟；他弟弟将所得的$\frac{1}{3}$给小妹妹，每个人分别有多少元？各人所有的是华民原有的几分之几？

本题表面上虽然和前一题略有不同，追本溯源，却没有什么差别。如图77所示，OA表示全数（或说整个，或说1，都是一样）。OB表示48元。OC表示$\frac{1}{4}$。CD平行于AB。OE表示OC的$\frac{1}{3}$，EF平行于CD，自然也就平行于AB。

图 77

D指12元，是华民给弟弟的。OB减去OD剩36元，是华民分给弟弟后所有的。F指4元，是华民的弟弟给小妹妹的。OD减去OF，剩8元，是华民的弟弟所有的。他们所有的，依次是：36元、8元、4元，合起来正好48元。

至于各人所有的对于华民原有的说，依次是$\frac{1}{4}$、$\frac{2}{12}$、$\frac{1}{6}$、$\frac{1}{12}$。

这题的算法是：

$48 \times \frac{1}{4} = 12$（元）华民给弟弟的。

48－12＝36（元）华民给弟弟后所有的。

$12 \times \frac{1}{3} = 4$（元）弟弟给小妹妹的。

12－4＝8（元）弟弟所有的。

$1 - \frac{1}{4} = \frac{3}{4}$（元）华民的。

$\frac{1}{4} \times \frac{1}{3} = \frac{1}{12}$（元）小妹妹的。

$\frac{1}{4} - \frac{1}{4} \times \frac{1}{3} = \frac{2}{12} = \frac{1}{6}$（元）弟弟的。

例三：甲、乙、丙三人分60元，甲得 $\frac{2}{5}$，乙得的等于甲的 $\frac{2}{3}$，各得多少？

"这个题和前面两个，有什么不同？"马先生问。

"一样，不过多转了一个弯。"王有道答道。

"这种看法是对的。"马先生叫王有道将图画出来并说明。

"AB、CD、EF三条线的画法和以前的一样。"他一边画出下图78，一边说，"从C向上取CH等于OE。画平行于AB。D指甲得24元，OF指乙得16元。OK指甲、乙共得40元。KB指丙得20元。"

图 78

王有道已说得很明白，马先生叫我将计算法写出来。

$$60 \times \frac{2}{5} = 24 \ (OD) \quad 甲得的$$

$$24 \times \frac{2}{3} = 16 \ (OF) \quad 乙得的$$

$$60 - (24 + 16) = 60 - 40 = 20 \quad 丙得的$$

$$\vdots \qquad \vdots \qquad \vdots \qquad \vdots \qquad \vdots \qquad \vdots$$

$$OB \quad OD \quad DK \quad OB \quad OK \quad KB$$

例四：某人存90元，每次取余存的 $\frac{1}{3}$，连取3次，每次取出多少，还剩多少？

这个问题，参照前面的来，当然很简单。大概也是因为如此，马先生才留给我们自己做。我只将图79画在这里，作为参考。

图 79

其实只是一个连分数的问题。D指示第一次取30元，F指示第二次取20元，H指示第三次取 $13\frac{1}{3}$ 元。所剩的是HB，$26\frac{2}{3}$ 元。

# 21 分数求全的算法

例一：某数的 $\frac{3}{4}$ 是12，求某数。

"这是知道了某数的部分，而要求它的整体，和前一种正相反。所以它的画法，只是将前一种方法反其道而行了。"马先生说。

"横线表示数，这用不着多说，纵线表分数，$\frac{3}{4}$ 怎样画法？"

"如图80所示，先任取一长段作1，再将它4等分，就可得 $\frac{1}{4}$，$\frac{2}{4}$，$\frac{3}{4}$ 各点。"一个同学说。

图 80

"这样的办法是对的，不过不便捷。"马先生批评道。

"先任取一小段作 $\frac{1}{4}$，再连续次第取等长表示 $\frac{2}{4}$，$\frac{3}{4}$，…"

周学敏说。

"这就比较方便了。"说完，马先生在 $\frac{3}{4}$ 的那一点标一个 $A$，12那点标一个 $B$，又在1那点标一个 $C$，"这样一来，怎样画呢？"

"先连结 $AB$，再过 $C$ 作它的平行线 $CD$。$D$ 点指示的16，它的 $\frac{1}{4}$ 是4，它的 $\frac{3}{4}$ 正好是12。就是所求的数。"

依照求偏的样子，把"倍数"的意义看得广泛一点，这类题的计算法，正和知道某数的倍数，求某数一般无异，都应当用除法。

例如，某数的5倍是105，则：某数 $=105\div5=21$。

而本题，某数的 $\frac{3}{4}$ 是12，所以：

$$某数 = 12\div\frac{3}{4} = 12\times\frac{4}{3} = 16$$

例二：某数的 $2\frac{1}{3}$ 是21，某数是多少？

本题和前一题可以说完全相同，由它更可看出"知偏求全"与知道倍数求原数一样。

如图81所示，$AB$ 和 $CD$ 两条直线的做法，和前一题相同，$D$

图 81

130

指示某数是9。它的2倍是18，它的 $\frac{1}{3}$ 是3，它的 $2\frac{1}{3}$ 正好是21。这题的计算法，是这样：

$$21 \div 2\frac{1}{3} = 21 \div \frac{7}{3} = 21 \times \frac{3}{7} = 9$$

例三：某数的 $\frac{1}{2}$ 与 $\frac{1}{3}$ 的和是15，某数是多少？

"本题的要点是什么？"马先生问。

"先看某数的 $\frac{1}{2}$ 与它的 $\frac{1}{3}$ 的和，是它的几分之几。"王有道回答。

图82是周学敏作的。先取 $OA$ 作1，次取它的 $\frac{1}{2}$ $OB$，和 $\frac{1}{3}$ $OC$。再把 $OC$ 加到 $OB$ 上得 $OD$，$BD$ 自然是 $OA$ 的 $\frac{1}{3}$。所以 $OD$ 就是 $OA$ 的 $\frac{1}{2}$ 与 $\frac{1}{3}$ 的和。

图 82

连 $DE$，作 $AF$ 平行于 $DE$，$F$ 指明某数是18。

计算法是：

$$15 \div \left( \frac{1}{2} + \frac{1}{3} \right) = 15 \div \frac{5}{6} = 15 \times \frac{6}{5} = 18$$

$$\begin{array}{ccccc} \vdots & \vdots & \vdots & \vdots & \vdots \\ OE & OB & OC(BD) & OD & OF \end{array}$$

例四：何数的 $\frac{2}{7}$ 与 $\frac{1}{5}$ 的差是6？

和前面题相比较，只是"和"换成"差"，这一点不同。所以它的作法如图83所示，也只有从 $OB$ 减去 $OC$，得 $OD$ 表示 $\frac{2}{7}$ 和 $\frac{1}{5}$ 的差，这一点不同。$F$ 指明所求的数是70。

图 83

计算法是这样：

$$6 \div \left( \frac{2}{7} - \frac{1}{5} \right) = 6 \div \frac{3}{35} = 6 \times \frac{35}{3} = 70$$

$\vdots$ $\qquad$ $\vdots$ $\qquad$ $\vdots$ $\qquad\qquad$ $\vdots$ $\qquad\qquad\qquad$ $\vdots$

$OE$ $\quad$ $OB$ $\quad$ $OC$（$BD$） $\quad$ $OD$ $\qquad\qquad$ $OF$

例五：大小两数的和是21，小数是大数的 $\frac{3}{4}$，求两数。

就广义的倍数说，这个题和第四节的例二完全一样。照图11的做法，可得图84。如果照前例的做法，把大数看成1，小数就是 $\frac{3}{4}$，可得图85。两相比较，真是殊途同归了。

图 84

图 85

至于计算法，更不用说，只有一个了。

$$21 \div \left( 1 + \frac{3}{4} \right) = 21 \div \frac{7}{4} = 21 \times \frac{4}{7} = 12。$$

⋮　　　⋮　　　⋮　　　　　　　⋮

⋮　大数 $OC$　小数 $CA$　　　　　大数 $OD$

和 $OB$　└$OA$┘

⋮

大数的 $1\frac{3}{4}$ 倍

133

$$21 \quad - \quad 12 \quad = \quad 9$$
$$\vdots \qquad \vdots \qquad \vdots$$

和 $OB$　大数 $OD$　小数 $DB$

例六：大小两数的差是4，大数恰是小数的 $\dfrac{4}{3}$，求两数。

这题和第四节的例二，内容完全相同，图86就是依图12作的。图87的做法和图85的相仿，不过是将小数看成1，得 $OA$。取

图 86

图 87

$OA$的$\frac{1}{3}$，得$OB$。将$OB$的长加到$OA$上，得$OC$。它是$OA$的$\frac{4}{3}$，即大数。$D$点表示4，连$BD$。作$AE$，$CF$和$BD$平行。$E$指小数是12，$F$指大数是16。

计算法是这样：

$$4 \div \left( \frac{4}{3} - 1 \right) = 4 \div \frac{1}{3} = 12, \quad 12 + 4 = 16。$$

$$\vdots \qquad \vdots \qquad \vdots \qquad \qquad \vdots \quad \vdots \qquad \vdots \qquad \vdots$$

差$OD$ 大数$OC$ 小数$OA$（$CB$） $OB$ 小数$OE$ 差$OD$（$EF$）大数$OF$

例七：某人花去存款的$\frac{1}{3}$，后又花去所余的$\frac{1}{5}$，还存16元，他原来的存款是多少？

"这题的图的做法，如图88，第一步，可先取一长段$OA$作1，然后减去它的$\frac{1}{3}$，怎样减法？"马先生问。

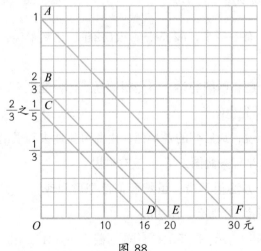

图 88

"把$OA$三等分，从$A$向下取$AB$等于$OA$的$\frac{1}{3}$，$OB$就表示所剩的。"我回答。

"不错！第二步呢？"

"从B向下取BC等于OB的$\frac{1}{5}$，OC就是表示第二次取后所剩的。"周学敏回答。

"对！OC就和OD所表示的16元相等了。你们各自把图作完吧！"马先生吩咐道。

自然，这又是老法子：连CD，作BE、AF和它平行。OF所表示的30元，就是原来的存款。由这图上，还可看出，第一次所取的是10元，第二次是4元。

看了图后计算法自然可以得出：

$$16 \div \left[ 1 - \frac{1}{3} - \left( 1 - \frac{1}{3} \right) \times \frac{1}{5} \right] = 16 \div \frac{8}{15} = 30。$$

$$\begin{array}{ccccccc} \vdots & \vdots & \vdots & \vdots & & \vdots & \vdots \\ OD & OA & AB & OB & & OC & OF \end{array}$$

例八：有一桶水，漏去$\frac{1}{3}$，汲出2斗，还剩半桶，这桶水原来是多少？

"这个题，画图的话，不是很顺畅，你们能把它的顺序更改一下吗？"马先生问。

"题上说，最后剩的是半桶，由此可见漏去和汲出的也是半桶，先就这半桶来画图好了。"王有道说。

"这个办法很不错，虽然看似已把题目改变，实质上却一样。"马先生说，"那么，做法呢？"

"如图89所示，先任取OA作1。截去一半AB，得OB，也是一半。三等分AO得AC。从BO截去AC得D，OD相当于汲出的水2斗……"

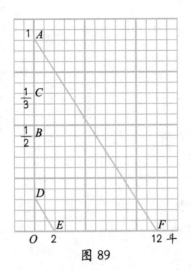

图 89

王有道说到这里，我已知道，以下自然又是老办法，连 $DE$，作 $AF$ 和它平行。$F$ 指出这桶水原来是12斗。先漏去 $\frac{1}{3}$ 是4斗，后汲去2斗，只剩6斗，恰好半桶。

算法是：

$$2 \div \left(1 - \frac{1}{2} - \frac{1}{3}\right) = 2 \div \frac{1}{6} = 12。$$

$$\vdots \quad\quad \vdots \quad \vdots \quad \vdots \quad\quad\quad \vdots \quad\quad \vdots$$

$$OE \quad OA \quad BA \ BD \ (AC) \quad OD \quad OF$$

例九：有一段绳，剪去9尺，余下的部分比全长的 $\frac{3}{4}$ 还短3尺，求这绳原长多少？

这个题，不过有个小弯子在里面，一经马先生这样提示："少剪去3尺，怎样？"我便明白作法了。

如图90所示，$OB$ 表示剪去的9尺。$BC$ 是3尺。如果少剪3尺，则剪去的便只是 $OC$。从 $C$ 往右正是全长的 $\frac{3}{4}$。$OA$ 表示1，$AD$ 是 $OA$ 的 $\frac{3}{4}$。连 $DC$，作 $AE$ 和它平行。$E$ 指明这绳原来是24尺。它

的 $\frac{3}{4}$ 是18尺。它被剪去了9尺，只剩15尺，比18尺恰好差3尺。

图 90

经过这番作法，算法也就很明白了：

$$(9-3) \div \left(1-\frac{3}{4}\right) = 6 \div \frac{1}{4} = 24$$

$$\begin{matrix} \vdots & \vdots & & \vdots & \vdots & & \vdots & \vdots \\ OB & CB & & OA & DA & & OC & OD \end{matrix}$$

例十：夏竹君提取存款的 $\frac{2}{5}$，后又存入200元，恰好是原存款的 $\frac{2}{3}$，求原来的存款是多少？

从讲分数的应用问题起，直到前一个例题，我都没有感到困难，这个题，我却有点应付不了了。马先生似乎已看破，我们有大半人对着它无从下手，他说："你们先不要对着题去闷想，还是动手的好。"

但是怎样动手呢？题目所说的，都不曾得出一些关联的结果来。

"先做表示1的 $OA$！再做表示 $\frac{2}{5}$ 的 $AB$！又做表示 $\frac{2}{3}$ 的

$OC$！"马先生好像体育老师喊口令一样。

"夏竹君提取存款的 $\frac{2}{5}$，剩的是多少？"他问。

"$\frac{3}{5}$！"周学敏说。

"不，我问的是图上的线段。"马先生。

"$OB$！"周学敏没有回答，我说。

"存入200元后，存款有多少？"

"$OC$。"我回答。

"那么，和这存入的200元相当的是什么？"

"$BC$。"周学敏抢着说。

"这样一来，图会画了吧？"

我仔细想了一阵，又看看前面的几个图，都是把和实在的数目相当的分数放在最下面，这大概是一点小小的秘诀，如图91所示，我就取 $OD$ 等于 $BC$。连 $DE$，作 $AF$ 平行于它。

图 91

$F$ 指的是3000元，这个数使我有点怀疑，好像太大了。我就又验证了一下，3000元的 $\frac{2}{5}$ 是1200元，提取后还剩1800元。加入

200元，是2000元，不是3000元的 $\frac{2}{3}$ 是什么？方法对了，做得仔细，结果总是对的，为什么要怀疑？

这个做法，已把计算法明明白白地告诉我们了：

$$200 \div \left[ \frac{2}{3} - \left( 1 - \frac{2}{5} \right) \right] = 200 \div \left( \frac{2}{3} - \frac{3}{5} \right) = 200 \div \frac{1}{15} = 3000$$

$$\vdots \qquad \vdots \qquad \vdots \quad \vdots \qquad\qquad \vdots \qquad\qquad \vdots \qquad \vdots$$

$$OE \quad OC \quad OA \;\; BA \qquad\qquad OB \qquad\quad OD\,(BC) \quad OF$$

例十一：把36分成甲、乙、丙三部分，甲的 $\frac{1}{2}$ 和乙的 $\frac{1}{3}$，和丙的 $\frac{1}{4}$ 都相等，求各数。

对于马先生的指导，我真是非常感激。这个题，在平常，我一定没有办法解答，现在遵照马先生前一题的提示："先不要对着题闷想，还是动手的好。"动起手来。

如图92所示，先取一小段作甲的 $\frac{1}{2}$，取两段得OA，这就是

图92

甲的1。题目上说乙的$\frac{1}{3}$和甲的$\frac{1}{2}$相等，我就连续取同样的3小段，每一段作乙的$\frac{1}{3}$，得$AB$，这就是乙的1。再取同样的4小段，每一段作丙的$\frac{1}{4}$，得$BC$，这就是丙的1。

连$CF$，又作它的平行线$BG$和$AH$。$OH$、$HG$和$GF$各表示8、12、16，就是所求的甲、乙、丙三个数。8的$\frac{1}{2}$、12的$\frac{1}{3}$，和16的$\frac{1}{4}$全都等于4。

至于算法，我倒想着不妨别致一点：

$$36 \div \left( \frac{1}{2} \times 2 + \frac{1}{2} \times 3 + \frac{1}{2} \times 4 \right) = 36 \div \frac{9}{2} = 8$$

$$\vdots \qquad \vdots \qquad \vdots \qquad \vdots \qquad \vdots \qquad \vdots$$

$$OF \qquad OA \qquad AB \qquad BC \qquad OC \quad OH（甲）$$

$$8 \times \frac{1}{2} \times 3 = 12$$

甲的$\frac{1}{2}$，乙的$\frac{1}{3}$：

$$HG（乙）$$

$$8 \times \frac{1}{2} \times 4 = 16$$

甲的$\frac{1}{2}$，丙的$\frac{1}{4}$：

$$GF（丙）$$

**例十二：** 分490元，给赵、钱、孙、李四个人。赵比钱的$\frac{2}{3}$少30元，孙等于赵、钱的和，李比孙的$\frac{2}{3}$少30元，每人各得多少?

"这个题有点麻烦了,是不是?人有四个,条件又啰唆。你们坐了这一阵,也有点疲倦了。我来说个故事,给你们解解闷,好不好?"听到马先生要说故事,大家的精神都为之一振。

"话说……"马先生一开口,惹得大家都笑了起来,"从前有一个90多岁的老头子。他有3个儿子和17头牛。有一天,他生病了,觉得寿数将尽了,于是叫他的3个儿子到面前来,吩咐他们说:

'我的牛,你们三兄弟分,照我的说法去分,不许争吵:老大要 $\frac{1}{2}$,老二要 $\frac{1}{3}$,老三要 $\frac{1}{9}$。'

"不久后老头子果然死了。他的三个儿子把后事料理好以后,就牵出17头牛来,按照他的要求分。

"老大要 $\frac{1}{2}$,就只能得8头活的和半头死的。老二要 $\frac{1}{3}$,就只能得5头活的和 $\frac{2}{3}$ 头死的。老三要 $\frac{1}{9}$,只能得1头活的和 $\frac{8}{9}$ 头死的。虽然他们没有争吵,但却不知道怎么分才合适,谁都不愿要死牛。

"后来他们一同去请教隔壁的李太公,他向来很公平。他们把一切情形告诉了李太公。李太公笑眯眯地牵了自己的一头牛,跟他们去。他说:'你们分不好,我送你们1头,再分好了。'"

"他们三兄弟有了18头牛:老大分 $\frac{1}{2}$,牵去9头;老二分 $\frac{1}{3}$,牵去6头;老三分 $\frac{1}{9}$,牵去2头。各人都高高兴兴地离开。李太公的1头牛他仍旧牵了回去。"

"这叫李太公分牛。"马先生说完,大家又用笑声来回应他。他接着说："你们听了这个故事，学到点什么没有？"

"……"没有人回答。

"你们不妨学学李太公，做个空头人情，来替赵、钱、孙、李这四家分这笔账！"

原来，他说李太公分牛的故事，是在提示我们，解决这个题，必须虚加些钱进去。这钱怎样加进去呢？

第一步，我想到了，赵比钱的$\frac{2}{3}$少30元，如果加30元去给赵，则他得的就是钱的$\frac{2}{3}$。

不过，这么一来，孙比赵、钱的和又差了30元。好，又加30元去给孙，使他所得的还是等于赵、钱的和。

再往下看去，又来了，李比孙的$\frac{2}{3}$已不只少30元。孙既然多得了30元，他的$\frac{2}{3}$就多得了20元。李比他所得的$\frac{2}{3}$，先少30元，现在又少20元。这两笔钱不用说也得加进去。

虚加进这几笔数后，则各人所得的，赵是钱的$\frac{2}{3}$，孙是赵、钱的和，而李是孙的$\frac{2}{3}$，他们彼此间的关系就简明多了。

跟着这一堆说明画图已成了很机械的工作。

如图93所示，先取$OA_1$作钱的1。次取$A_1A_2$等于$OA_1$的$\frac{2}{3}$，作为赵的。再取$A_2A_3$等于$OA_2$作为孙的。又取$A_3A_4$等于$A_2A_3$的$\frac{2}{3}$，作为李的。

在横线上，取$OB_1$表示490元。$B_1B_2$表示添给赵的30元。$B_2B_3$表示添给孙的30元。$B_3B_4$和$B_4B_5$表示添给李的30元和20元。

连$A_4B_5$作$A_1C$和它平行，$C$指135元，是钱所得的。

作$A_2D$平行于$A_1C$，由$D$减去30元，得$E$。$CE$表示60元，是赵

所得的。

作$A_3F$平行于$A_2E$，$EF$表示195元，是孙所得的。

作$A_4B_2$平行于$A_3F$，由$B_2$减去30元，正好得出490元的$B_1$。$FB_1$表示100元，是李所得的。

图 93

至于计算的方法，由作图法，已显示得非常清楚：

$$[490+30+30+(30+20)]\div\left[1+\frac{2}{3}+\left(1+\frac{2}{3}\right)+\left(1+\frac{2}{3}\right)\times\frac{2}{3}\right]$$

$\ \vdots\quad\ \ \vdots\quad\ \ \vdots\quad\ \ \vdots\quad\ \ \vdots\quad\ \ \vdots\quad\quad\ \vdots\quad\quad\quad\ \ \vdots$

$OB_1\ \ B_1B_2\ B_2B_3\ \ B_3B_4\ B_4B_5\ \ OA_1\ A_1A_2\quad A_2A_3\qquad A_3A_4$

$$=600\div\frac{40}{9}=135——钱所得的$$

$\quad\ \ \vdots\quad\ \ \vdots\quad\ \vdots$

$\quad\ OB_5\ \ OA_4\ OC$

144

$$135 \times \frac{2}{3} - 30 = 90 - 30 = 60$$ ——赵所得的

$$\vdots \qquad \vdots \qquad \vdots$$

$$CD \qquad ED \qquad CE$$

$$135 + 60 = 195$$ ——孙所得的

$$\vdots \quad \vdots \quad \vdots$$

$$OC \quad CE \quad OE（EF）$$

$$195 \times \frac{2}{3} - 30 = 100$$ ——李所得的

$$\vdots \qquad \vdots \qquad \vdots$$

$$FB_2 \qquad B_1B_2 \quad FB_1$$

例十三：某人将他所有的存款分给他的三个儿子，幼子得 $\frac{1}{9}$，次子得 $\frac{1}{4}$，余下的归长子所得。长子比幼子多得38元。这人的存款是多少？三子各得多少？

这个题目是一个同学提出来的，其实和例九只是形式不同罢了。马先生也很仔细地给他讲解，我只将图的做法记在这里。

如图94所示，取 $OA$ 表示某人的存款1。从 $A$ 起截去 $OA$ 的 $\frac{1}{4}$ 得 $A_1$，$AA_1$ 表次子得的。从 $A_1$ 起截去 $OA$ 的 $\frac{1}{9}$ 得 $A_2$，$A_1A_2$ 表幼子得的。自然 $A_2O$ 就是长子所得的了。从 $A_2$ 截去 $A_1A_2$（$\frac{1}{9}$）得 $A_3$，$A_3O$ 表长子比幼子多得的，相当于38元（$OB_1$）。

连 $A_3B_1$，作 $A_2B_2$、$A_1B_3$ 和 $AB$ 平行于 $A_3B_1$。某人的存款是72元，长子得46元，次子得18元，幼子得8元。

图 94

例十四：弟弟的年龄比哥哥的小3岁，而是哥哥的 $\frac{5}{6}$，求各人的年龄。

这题和例六在算理上完全一样。我只把图95画在这里，并且

图 95

将算式写出来。

$$3 \div \left(1 - \frac{5}{6}\right) = 3 \div \frac{1}{6} = 18 \quad \text{哥哥的年纪}$$

$$\vdots \qquad \vdots \quad \vdots \qquad \qquad \vdots \quad \vdots$$

$$OB_1 \quad OA \quad A_1A \qquad OA_1 \quad OB$$

$$18 \quad - \quad 3 \quad = \quad 15 \quad \text{弟弟的年纪}$$

$$\vdots \qquad \vdots \qquad \vdots$$

$$OB \quad B_1 \ (B_2B) \ OB_2$$

例十五：某人4年前的年龄，是8年后年龄的 $\frac{3}{7}$，求这个人现在的年龄。

要点！要点！马先生写好了题，就叫我们找它的要点。我仔细揣摩一番，觉得题上所给的是某人4年前和8年后两个年纪的关系。

先从这点下手，自然直接一些。周学敏和我的意见相同，他向马先生陈述，马先生也认为对。由这要点，我得出下面的作图法。

如图96所示，取 $OA$ 表示某人8年后的年龄1。从 $A$ 起截去它的 $\frac{3}{7}$，得 $A_1$，则 $OA_1$ 就是某人8年后和4年前两个年龄的差，相当于4岁（$OB_1$）加上8岁（$B_1B_2$）得 $B_2$。

连 $A_1B_2$，作 $AB$ 平行于 $A_1B_2$。$B$ 指的21岁，便是某人8年后的年龄。

从 $B$ 退回8年，得 $B_3$。它指的是13岁，就是某人现在的年龄。4年前，他是9岁，正好是他8年后21岁的 $\frac{3}{7}$。

图 96

这一来，算法自然有了：

$$(4+8) \div \left(1 - \frac{3}{7}\right) - 8 = 12 \div \frac{4}{7} - 8 = 21 - 8 = 13$$

$$\begin{matrix} \vdots & \vdots & \vdots & \vdots & \vdots & \vdots & \vdots & \vdots & \vdots \\ OB_1 & B_1B_2 & OA & A_1A & B_3B & OB_2 & OA_1 & B_3B & OB & B_3B & OB_3 \end{matrix}$$

例十六：哥哥比弟弟大8岁，12年后，哥哥年龄比弟弟年龄的$1\frac{3}{5}$倍少10岁，求各人现在的年龄。

"又要来一次李太公分牛了。"马先生这么一说，我就想到，解决本题，得虚加一个数进去。从另一方面设想，哥哥比弟弟大8岁，这个差是一成不变的。

题目上所给的是两兄弟12年后的年龄关系，为了直接一点，自然应当从他们12年后的年龄着手。假如哥哥比弟弟大10岁，这就是要虚加进去的，那么，在12年后，他的年龄正是弟年龄的$1\frac{3}{5}$倍，不过他比弟弟大的却是18岁了。

作图法如图97所示。

取$OA$作12年后弟弟年龄的1。取$AA_1$等于$OA$的$\frac{3}{5}$，则$OA_1$便是12年后，又加上10岁哥哥年龄。取$OA_2$等于$AA_1$，它便是12年后，当然也就是现在，哥哥加上10岁时，两人年龄的差，相当于18岁（$OB$）。

图 97

连$A_2B$，作$AB_1$和它平行。$B_1$指30岁，是弟弟12年后的年龄。从中减去12岁，得$B$，就是弟弟现在的年龄18岁。

作$A_1B_2$平行于$A_2B$。$B_2$指48岁，是哥哥12年后，又加上10岁的年龄。减去这10岁，得$B_3$，指38岁，是哥哥12年后的年龄。再减去12岁，得$B_4$，指26岁，是哥哥现在的年龄。正和弟弟现在的年龄18岁加上8岁相同，真是巧极了！

算法是这样：

$$(8+10)\div\left(1\frac{3}{5}-1\right)-12=18\div\frac{3}{5}-12=30-12=18 \text{ 弟年}$$

$$\vdots \qquad \vdots \qquad \vdots \qquad\qquad \vdots \quad \vdots \quad \vdots$$

$$OB \qquad OA_1\,A_1A_2\,(OA)\,BB_1 \qquad\qquad OB_1\ BB_1\ OB$$

$18 + 8 = 26$ 哥年

$\vdots \quad \vdots \quad \vdots$

$OB \quad BB_4 \quad OB_4$

例十七：甲、乙两校学生共有372人，其中男生是女生的 $\frac{35}{27}$。甲校女生是男生的 $\frac{4}{5}$，乙校女生是男生的 $\frac{7}{10}$，求两校男女学生的数目。

王有道提出这个题，请求马先生指示画图的方法。马先生犹豫了一下，这样说：

"要用一个简单的图，表示出这题中的关系和结果，这是很困难的。因为这个题，本可分成两段看：前一段是男女学生总人数的关系；后一段只说各校中男女学生人数的关系。"

"既然不好用一个图表示，就索性不用图吧！现在我们不妨化大事为小事，再化小事为无事。第一步，先解决题目的前一段，两校的女生共多少人？"

这当然是很容易的：

$$372 \div \left(1 + \frac{35}{27}\right) = 372 \div \frac{62}{27} = 162$$

"男生共多少？"马先生见我们得出女生的人数以后问。

不用说，这更容易了：

$372 - 162 = 210$

"好！现在题目已化得简单一点了。我们来做第二步，为了说起来方便一些，我们说甲校学生的数目是甲，乙校学生的数目是乙。再把题目更改一下，甲校女生是男生的 $\frac{4}{5}$，那么，女生和男生各占全校的几分之几？"

王有道回答说：把甲校的学生看成1，因为甲校女生是男生的 $\frac{4}{5}$，所以男生所占的分数是：

$$1 \div \left( 1 + \frac{4}{5} \right) = 1 \div \frac{9}{5} = \frac{5}{9}$$

女生所占的分数是：

$$1 - \frac{5}{9} = \frac{4}{9}$$

王有道回答完以后，马先生说："其实用不着这样小题大做。题目上说，甲校女生是男生的 $\frac{4}{5}$，那么甲校如果有5个男生，应当有几个女生？"

"4个。"周学敏回答。

"好！一共是几个学生？"

"9个。"周学敏又回答。

"这不是甲校男生占 $\frac{5}{9}$，甲校女生占 $\frac{4}{9}$ 了吗？那么乙校的呢？"

"乙校男生占 $\frac{10}{17}$，乙校女生占 $\frac{7}{17}$。"还没等周学敏回答，我就说。

马先生说："这么一来，我们可以把题目改成这样了：

"甲的 $\frac{5}{9}$ 同乙的 $\frac{10}{17}$，共是210（1）；甲的 $\frac{4}{9}$ 和乙的 $\frac{7}{17}$，共是162（2）。甲、乙各是多少？"

到这一步，题目自然比较简单了，但是算法，我还是想不清楚。

"再单就（1）来想想看。"马先生说，"化大事为小事，$\frac{5}{9}$ 的分子5，$\frac{10}{17}$ 的分子10，同是210，都可用什么数除尽？"

"5！"两三个人高声回答。

"就拿这个5去把它们都除一下，结果怎样？"

"变成甲的 $\frac{1}{9}$，同乙的 $\frac{2}{17}$，共是42。"王有道回答。

"你们再把4去将它们都乘一下看。"

"变成甲的 $\frac{4}{9}$，同乙的 $\frac{8}{17}$，共是168。"周学敏说。

"把这结果和上面的（2）比较一下，你们应当可以得出计算方法来了。今天费去的时间很久，你们自己去把结果算出来吧！"说完，马先生带着疲倦走出了教室。

对于（1）为什么先用5去除，再用4去乘，我原来不明白。后来，把这最后的结果和（2）比较一看，这才恍然大悟，原来两个当中的甲都是 $\frac{4}{9}$ 了。先用5除，是找含有甲的 $\frac{1}{9}$ 的数，再用4乘，便是使这结果所含的甲和（2）所含的相同。甲的是相同了，但乙的还不相同。

转个念头，我就想到：

168当中，含有 $\frac{4}{9}$ 个甲，$\frac{8}{17}$ 个乙。

162当中，含有 $\frac{4}{9}$ 个甲，$\frac{7}{17}$ 个乙。

如果把它们，一个对着一个相减，那就得：

$168-162=6$

$\frac{4}{9}$ 个甲减去 $\frac{4}{9}$ 个甲，结果没有甲了。

$\frac{8}{17}$ 个乙减去 $\frac{7}{17}$ 个乙，还剩 $\frac{1}{17}$ 个乙。——它正和人数相当。所以：

$6\div\frac{1}{17}=102$——乙校的学生数。

$372-102=270$——甲校的学生数。

这结果，是否可靠，我有点不敢判断，只好检查

一下：

$270 \times \dfrac{5}{9}=150$——甲校男生，

$270 \times \dfrac{4}{9}=120$——甲校女生；

$102 \times \dfrac{10}{17}=60$——乙校男生，

$102 \times \dfrac{7}{17}=42$——乙校女生。

$150+60$人$=210$——两校男生，

$120+42$人$=162$——两校女生。

最后的结果，和前面第一步所得出来的完全一样，看来我不用再怀疑了！

## 22  分数千变万化的原形

今天所讲的是前面所说的第三类，单纯关于分数自身变化的问题，大都是在某一些条件下，找出原分数来，所以，我就给它起一个标题"显出原形"。

"先从前面举过的例子说起。"马先生说了这么一句，就在黑板上写出：

例一：有一分数，其分母加1，则可约为 $\dfrac{3}{4}$；其分母加2，则可约为 $\dfrac{2}{3}$，求原分数。

"有理无理，从画线起。"马先生这样说，就叫各人把表示 $\dfrac{3}{4}$ 和 $\dfrac{2}{3}$ 的线画出来。我们只好遵命照办，如图98所示，画直线 $OA$ 表示 $\dfrac{3}{4}$，$OB$ 表示 $\dfrac{2}{3}$。画完后，就束手无策了。

"很简单的事情，往往会想得复杂起来，弄得此路不通。"马先生的微笑着说：

"$OA$ 表示 $\dfrac{3}{4}$，不错，但 $\dfrac{3}{4}$ 是哪儿来的呢？我替你们回答吧，是原分数的分母加上1来的。假使原分母不加上1，画出来当然不是 $OA$ 了。

"现在，我们来画一条和 $OA$ 相距1的平行线 $CD$。$CD$ 如果表示分数，那么，它和 $OA$ 上所表示的分子相同的分数，如 $D_1$ 和 $A_1$

（分子都是3），它们俩的分母有怎样的关系？"

"相差1。"我回答。

图 98

"这两直线上所有的同分子分数，它们俩的分母间的关系都一样吗？"

"都一样！"周学敏回答。

"可见我们要求的分数总在CD线上。对于OB来说又应当怎样呢？"

"作ED和OB平行，两者之间相距2。"王有道说。

"对的！原分数是什么？"

"$\frac{6}{7}$，就是D点所指示的。"大家都非常高兴。

"和它分子相同，OA线所表示的分数是什么？"

"$\frac{6}{8}$，就是$\frac{3}{4}$。"周学敏说。

"OB线所表示的同分子的分数呢？"

"$\frac{6}{9}$，就是$\frac{2}{3}$。"我说。

"这两个分数的分母与原分数的分母比较有什么区别?"

"一个多1,一个多2。"由此可见,所求出的结果是不容怀疑的了。

这个题的计算法,马先生叫我们这样想:

"分母加上1,分数变成了$\frac{3}{4}$,分母是分子的多少倍?"

我想,假如分母不加1,分数就是$\frac{3}{4}$,那么,分母当然是分子的$\frac{4}{3}$倍。由此可知,分母是比分子的$\frac{4}{3}$倍少1。对了,由第二个条件说,分母比分子的$\frac{3}{2}$倍少2。

两个条件拼凑起来,便得:分子的$\frac{4}{3}$倍和$\frac{3}{2}$倍相差的是2和1的差。所以:

$$(2-1) \div \left( \frac{3}{2} - \frac{4}{3} \right) = 1 \div \frac{1}{6} = 6 \text{——分子}$$

$$\vdots \quad \vdots \qquad \vdots \quad \vdots \qquad \vdots \quad \vdots$$

$$DB \ DA \qquad \frac{9}{6} \quad \frac{8}{6} \qquad AB \ 8\text{-}9$$

$$6 \times \frac{4}{3} - 1 = 8 - 1 = 7 \text{——分母}$$

例二:有一个分数,分子加1,则可约成$\frac{2}{3}$;分母加1,则可约成$\frac{1}{2}$,求原分数。

这次,又用得着依样画葫芦了。先做$OA$和$OB$分别表示$\frac{2}{3}$和$\frac{1}{2}$。再在纵线$OA$的下面,和它距1,作平行线$CD$。又在$OB$的左边,和它距1,作平行线$ED$,同$CD$交于$D$。

$D$指出原分数是$\frac{5}{9}$。分子加1,成$\frac{6}{9}$,即$\frac{2}{3}$;分母加1,成$\frac{5}{10}$,即$\frac{1}{2}$。

由第一个条件,知道分母比分子的$\frac{3}{2}$倍"多"$\frac{3}{2}$。

由第二个条件，知道分母比分子的2倍"少"1。

所以：

$$\left(\frac{3}{2}+1\right) \div \left(2-\frac{3}{2}\right) = \frac{5}{2} \div \frac{1}{2} = 5 \quad \text{是分子}$$

$$5 \times \frac{3}{2} + \frac{3}{2} = \frac{15}{2} + \frac{3}{2} = \frac{18}{2} = 9 \quad \text{是分母}$$

例三：某分数，分子减去1，或分母加上2，都可约成 $\frac{1}{2}$，原分数是什么？

这个题目，真有些奇妙！就做法上说：因为分子减去1或分母加上2，都可约成 $\frac{1}{2}$。如图99所示，和前两题比较，表示分数的两条线 $OA$、$OB$，当然并成了一条 $OA$。又因为分子是"减去"1，作 $OA$ 的平行线 $CD$ 时，就得和前题相反，需要画在 $OA$ 的上面。

图99

然而这么一来，却使我有些迷糊了。依第二个条件所作的线，也就是 $CD$，方法没有错，但结果呢？

马先生看我们做好图以后，这样问："你们求出来的原分数是什么？"

我不知道怎样回答，周学敏却说是 $\frac{3}{4}$。这答数当然是对的。

如图100所示，$E_2$ 指示的就是 $\frac{3}{4}$，并且分子减去1，得 $\frac{2}{4}$，分母加上2，得 $\frac{3}{6}$，约分后都是 $\frac{1}{2}$。但 $E_1$ 所指示的 $\frac{2}{2}$，分子减去1得 $\frac{1}{2}$，分母加上2得 $\frac{2}{4}$，约分后也是 $\frac{1}{2}$。还有 $E_3$ 所指的 $\frac{4}{6}$，$E_4$ 所指的 $\frac{5}{8}$，都是合于题中的条件的。为什么这个题会有这么多答案呢？

图 100

马先生听了周学敏的回答，便问："还有别的答数没有？"

大家你说一个，他说一个，把 $\frac{2}{2}$，$\frac{4}{6}$ 和 $\frac{5}{8}$ 都说了出来。最奇怪的是，王有道回答一个 $\frac{11}{20}$。不错，分子减去1得 $\frac{10}{20}$，分母加上2得 $\frac{11}{22}$，约分以后，都是 $\frac{1}{2}$。

我的图画得小了一点，在上面找不出来。不过王有道的图，比我的也大不了多少，上面也没有指示！这一点。他从什么地方得出来的呢？

马先生似乎也觉得奇怪，问王有道："这 $\frac{11}{20}$，你从什么地方得出来的？"

"偶然想到的。"他这样回答。在他也许是真情，在我却感到失望。只好静候马先生来解答这个谜了。

"这个题，你们已说出了五个答数。"马先生说："其实你们要多少个都有，如 $\frac{6}{10}$，$\frac{7}{12}$，$\frac{8}{14}$，$\frac{9}{16}$，$\frac{10}{18}$，…都是。你们以前没有碰到过这样的事，所以会觉得奇怪，是不是？但有这样的事，自然就应当有这样的理。无论多么怪的事，我们把它弄明白以后，它就变得极平常了。

"现在，你们试把你们和我说过的答数，依着分母的大小，顺次排序。"

遵照马先生的话，我把这些分数排起来，得到这样一串：

$$\frac{2}{2}，\frac{3}{4}，\frac{4}{6}，\frac{5}{8}，\frac{6}{10}，\frac{7}{12}，\frac{8}{14}，\frac{9}{16}，\frac{10}{18}，\frac{11}{20}$$

我马上就看出来：

第一，分母是一串连续的偶数。

第二，分子是一串连续的整数。

照这样推下去，当然 $\frac{12}{22}$，$\frac{13}{24}$，$\frac{14}{26}$，…都对，真像马先生所说的"要多少个都有"。我所看出来的情形，大家一样看了出来。

马先生问明白后，这样说："现在你们可算已看到'有这样的事'了，我们应当进一步来找所以'有这样的事'的'理'。不过你们姑且把这问题先放在一旁，先讲本题的计算法。"

接着前两个题看下来，这是很容易的。

由第一个条件，分子减去1，可约成 $\frac{1}{2}$，可见分母等于分子的2倍少2。

由第二个条件，分母加上2，也可约成 $\frac{1}{2}$，可见分母加上2等于分子的2倍。

到了这一步，我才恍然大悟，感到了"拨云雾见青天"的快乐！原来半斤和八两没有两样。这两个条件，"分母等于分子的2倍少2"和"分母加上2等于分子的2倍"，其实只是一个，"分子等于分母的一半加上1"。

前面所举出一串分数，都合于这个条件。因此，那一串分数的分母都是"偶数"，而分子是一串连续的整数。这样一来，随便用一个"偶数"做分母，都可以找出一个符合题意的分数来。

例如，用100做分母，它的一半是50，加上1，是51，即 $\frac{51}{100}$，分子减去1，得 $\frac{50}{100}$；分母加上2，得 $\frac{51}{102}$。约分下来，它们都是 $\frac{1}{2}$。假如，我们用"整数的2倍"表示"偶数"，这个题的答数，就是一个这样形式的分数：

$$\frac{某整数+1}{2×某整数}$$

这个情形，从图上怎样解释呢？我想起了在交差原理中有这样的话："两线不止一个交点会怎么样？"

"那就是不止一个答案……"

这里，两线合成了一条，自然可以说有无穷的交点，而答案也是无数的了。把它弄明白以后，它就变得非常平常了。

例四：从 $\frac{15}{23}$ 的分母和分子中减去同一个数，则可约成 $\frac{5}{9}$，求所减去的数。

因为题上说的有两个分数，我们首先就把表示它们的两条直线OA和OB画出来。A点所指的就是 $\frac{15}{23}$。题目上说的是从分母和分子中减去同一个数，可约成 $\frac{5}{9}$，我就想到在OA的上、下都画一条平行线，并且它们距OA相等。

这下我又走入迷魂阵了！减去的是什么数还不知道，这平行线怎样画呢？大家都发现了这个难点，还是由马先生来解决。

"这回不能依样画葫芦了。"马先生说，"假如你们已经知道了减去的数，照抄老文章，怎样画法？"

我把我所想到的说了出来。马先生接着说："这条路走错了，会越走越黑的。现在你来实验一下。实验和观察，是研究一切科学的初步工作，许多发明都是从实验中产生的。假如从分母和分子中各减去1，得什么？"

"$\frac{14}{22}$。"我回答。

"各减去8呢？"

"$\frac{7}{15}$。"我再答道。

"你把这两个分数在图上记出来，看它们和指示$\frac{15}{23}$的A点，有什么关系？"

如图101所示，我点出$A_1$和$A_2$，一看，它们都在经过小方格的对角线AD上。我就把它们连起来，这条直线和OB交于C点。C

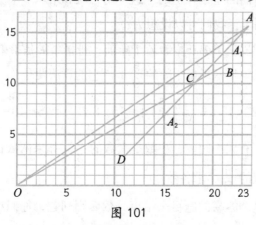

图 101

所指的分数是 $\frac{10}{18}$，它的分母和分子比 $\frac{15}{23}$ 的分母和分子都差5，而约分以后正是 $\frac{5}{9}$。原来所减去的数，当然是5。结果得出来了，但是为什么这样一画，就可得出来呢？

关于这一点，马先生的说明是这样的："从原分数的分母和分子中'减去'同一个的数，所得的数用'点'表示出来，如 $A_1$ 和 $A_2$。就分母说，当然要在经过A这条纵线的'左'边；就分子说，在经过A这条横线的'下'面。并且，因为减去的是'同一个'数，所以这些点到这纵线和横线的距离相等。"

"这两条线看成是正方形两边。正方形对角线上的点，无论哪一点到两边距离都一样长。反过来，到正方形两边距离一样长的点，也都在这条对角线上，所以只要画AD对角线就行了。"

"它上面的点到经过A的纵线和横线距离既然相等，则这点所表示的分数的分母和分子与A点所表示的分数的分母和分子，所差的当然相等了。"

现在转到本题的算法。分母和分子所减去的数相同，换句话说，便是它们的差是一定的。这一来，就和第八节中所讲的年龄的关系相同了。我们可以设想为：

哥哥23岁，弟弟15岁，若干年前，哥哥年龄是弟弟年龄的 $\frac{9}{5}$（因为弟弟年龄是哥哥年龄的 $\frac{5}{9}$）。它的算法便是：

$$15-(23-15)\div\left(\frac{9}{5}-1\right)=15-8\div\frac{4}{5}=15-10=5$$

例五：有大小两数，小数是大数的 $\frac{2}{3}$。如果两数各加10，则小数为大数的 $\frac{9}{11}$，求各数。

"用这个容易的题目来结束分数四则问题，你们自己先画个图看。"马先生说。

听到"容易"这两个字，反而使我感到有点莫名其妙了。如图102所示，我先画$OA$表示$\frac{2}{3}$，又画$OB$表示$\frac{9}{11}$。按照题目所说的，小数是大数的$\frac{2}{3}$，我就把小数看成分子，大数看成分母，这个分数可约成$\frac{2}{3}$。两数各加上10，则小数为大数的$\frac{9}{11}$。

图 102

这就是说，原分数的分子和分母各加上10，则可约成$\frac{9}{11}$。再在$OA$的右边，相隔10作$CA_1$和它平行。又在$OA$的上面，相隔10作$DA_2$和它平行。我想$CA_1$表示分母加了10，$DA_2$表示分子加了10，它们和$OB$一定有什么关系，可以用这个关系找出所要求的答案。哪里知道，三条直线毫不相干！容易！我却失败了！

我硬着头皮去请教马先生。他说："这又是'六窍皆通'了。$CA_1$既然表示分母加了10的分数，再把这分数的分子也加上

10，不就和$OB$所表示的分数相同了吗？"

我还是有点摸不着头脑，只知道，$DA_2$这条线是不必画的。另外，应当在$CA_1$的上边相隔10作一条平行线。我将这条线$EF$作出来，就和$OB$有了一个交点$B_1$。它指的分数是$\frac{18}{22}$，从它的分子中减去10，得$CA_1$上的$B_2$点，它指的分数是$\frac{8}{22}$。

所以，不作$EF$，而作$GB_2$平行于$OB_1$，表示从$OB$所表示的分数的分子中减去10，也是一样。$GB_2$和$CA_1$交于$B_2$，又从这分数的分母中减去10，得$OA$上的$B_4$点，它指的分数是$\frac{8}{12}$。这个分数约下来正好是$\frac{2}{3}$。小数8，大数12，就是所求的答案了。

其实，从图上看来，$DA_2$这条线也未尝不可用。$EF$也和它平行，在$EF$左边相隔10。$DA_2$表示原分数分子加上10的分数，$EF$就表示这个分数分母也加上10的分数。这就是$B_1$点所指分数$\frac{18}{22}$了。

从$B_1$分母中减去10得$DA_2$上的$B_3$，它指分数是$\frac{18}{12}$。由$B_3$指的分数分子中减去10，还是得$B_4$。如果不作$EF$，而在$OB$左边相距10，作$HB_3$和$OB$平行，交$DA_2$于$B_3$也可以。这算是左右逢源了。

计算法，倒是容易：两数各加上10，则小数为大数的$\frac{9}{11}$。换句话说，便是小数加上10等于大数的$\frac{9}{11}$加上10的$\frac{9}{11}$。而小数等于大数的$\frac{9}{11}$，加上10的$\frac{9}{11}$，减去10。

但由第一个条件说，小数只是大数的$\frac{2}{3}$。可知，大数的$\frac{9}{11}$和它的$\frac{2}{3}$的差，是10和10的$\frac{9}{11}$差。所以：

$$\left(10-10\times\frac{9}{11}\right)\div\left(\frac{9}{11}-\frac{2}{3}\right)=\left(10-\frac{90}{11}\right)\div\left(\frac{9}{11}-\frac{2}{3}\right)$$

$$=\frac{20}{11}\div\frac{5}{33}=12 \quad \text{是大数}$$

$$12\times\frac{2}{3}=8 \quad \text{是小数}$$

## 23 比与比例是什么

"这次我们又要换一种其他类型的题目了。"马先生走进课堂就说,"我先问你们,什么叫作'比'?"

"'比'就是'比较'。"周学敏说。

"那么,王有道比你高,李大成比你胖,我比你年纪大,这些都是比较,也就都是你所说的'比'了?"马先生说。

"不是的。"王有道说,"'比'是说一个数或量是另一个数或量的多少倍或几分之几。"

"对的,这种说法是对的。不过照前面我们说过的,如果把倍数的意义放宽一些,一个数的几分之几,和一个数的多少倍,本质上没有什么差别。"马先生说。

依照这种说法,我们当然可以说,一个数或量是另一个数或量的多少倍,这就称为它们的比。求倍数用的是除法,现在我们将除法、分数和"比",这三项进行一个比较,可以得出:

```
除法—被除数—除数—商数
  |     |     |    |
分数 — 分子 — 分母—分数的值
  |     |     |    |
 比 — 前项 — 后项—比值
```

165

"这样一来，'比'的许多性质和计算法，都可以从除法和分数中推演出来了。"

马先生讲明了"比"的意义，停顿了一下，看看大家都没有什么疑问，接着又问："比例是什么？"

"四个数或量，如果两个两个所成的比相等，就说这四个数或量成比例。"王有道回答。

"那么，成比例的四个数，用图线表示是什么情形？"马先生对于王有道的回答，大概是默许了。

"一条直线。"我想着，"比"和分数相同，两个"比"相等，自然和两个分数相等一样，它们应当在一条直线上。

"不错！"马先生说，"我们还可以说，一条直线上的任意两点，到纵线和横线的长总是成比例的。"

接着他又说："四个数或量所成的比例，我们把它叫作简比例。简比例有几种？"

"两种：正比例和反比例。"周学敏回答。

"正比例和反比例有什么不同？"马先生问。

"四个数或量凑成两对，一对算一个比，所成的两个比相等的，叫它们成正比例。一个比和另外一个比的倒数相等的，叫它们成反比例。"周学敏回答。

"反比例，我们暂且放下。单看正比例，你们举一个例子出来看。"马先生说。

"比如一个人，每小时走6里路，2小时就走12里，3小时就走18里。时间和距离同时变大、变小，它们就成正比例。"王有道说。

"对不对？"马先生问。

"对！"好几个人回答。我也觉得是对的，不过因为马先生既然提了出来，我想着一定有什么不妥，所以没有说话。

"对是对的，不过欠精密一点。"马先生批评说，"譬如，一个数和它的平方数，1和1，2和4，3和9，4和16，…都是同时变大、变小，它们成正比例吗？"

"不！"周学敏说，"因为1比1是1，2比4是$\frac{1}{2}$，3比9是$\frac{1}{3}$，4比16是$\frac{1}{4}$，…全不相等。"

"由此可见，四个数或量成正比例，不单是成比的两个数或量同时变大、变小，还要所变大或变小的倍数相同。这一点是一般人常常忽略了的，所以他们常常会乱用'成正比例'这个词。比如说，圆周和圆面积都是随着圆的半径一同变大、变小的，但圆周和圆半径成正比例，而圆面积和圆半径就不成正比例。"

关于正比例的计算，马先生说，因为都很简单，不再举例，他只把可以看出正比例的应用的计算法提出来。

第一，关于寒暑表的计算。

例一：摄氏寒暑表上的20度，是华氏寒暑表上的几度？

"这个题目的要点是什么？"马先生问。

"两种表上的度数成正比例。"周学敏回答。

"还有呢？"马先生又问。

"摄氏表的冰点是零度，沸点是100度；华氏表的冰点是32度，沸点是212度。"一个同学回答。

"那么，它们两个的关系怎样用图线表示呢？"马先生问。

这本来没有什么困难，我们想一下就都会画了。纵线表示华氏的度数，横线表示摄氏的度数。因为从冰点到沸点，它们度数的比是：

（212−32）：100＝180：100＝9：5

所以，如图103所示，从华氏的冰点F起，依照纵9横5的比画直线FA，表明的就是它们的关系。

图103

从20摄氏度，往上看得B点，由B横看得华氏的68度，这就是所求度数。用比例计算就是：

$$(212-32):100=x:20$$

$$\qquad \vdots \qquad\qquad \vdots \quad \vdots$$

$$\qquad OF \qquad\qquad FC\ FD$$

$$\therefore x=\frac{212-32}{100}\times 20=\frac{180}{5}=36,$$

$$36+32=68$$

$$\vdots\quad\vdots\quad\vdots$$

$$FC\quad OF\quad OC$$

照四则问题的算法，一般的式子是：

$$华氏度数=摄氏度数\times\frac{9}{5}+32°$$

要由华氏度数变成摄氏度数，自然是相似的了：

$$摄氏度数=（华氏度数-32°）\times\frac{5}{9}$$

第二，复名数的问题。

对于复名数，马先生说，不同的制度互化，也只是正比例的问题。例如，公尺、市尺和英尺的关系，如果用图104表示出来，那真是一目了然。图中的*OA*表示公尺，*OB*表示英尺，*OC*表示市尺。3市尺等于1公尺，而3英尺比1公尺还短一些。

图 104

第三，百分法。

例一：通常的20磅火药中，有硝石15磅，硫黄2磅，木炭3磅，这三种原料各占火药的百分之几？

马先生叫我们先把这三种原料各占火药的几分之几计算出来，并且画图表明。这自然是很容易的：

硝石：$\dfrac{15}{20}=\dfrac{3}{4}$，硫黄：$\dfrac{2}{20}=\dfrac{1}{10}$，木炭：$\dfrac{3}{20}$。

如图105所示，$OA$表示硝石和火药的比，$OB$表示硫黄和火药的比，$OC$表示木炭和火药的比。

图 105

"将这三个分数的分母都化成一百，各分数怎样？"我们将图画好以后，马先生问。这也是很容易的：

硝石：$\dfrac{3}{4}=\dfrac{75}{100}$，硫黄：$\dfrac{1}{10}=\dfrac{10}{100}$，木炭：$\dfrac{3}{20}=\dfrac{15}{100}$。

这三个分数，就是$A$，$B$，$C$三点所指示出来的。

"百分数，就是分母固定是100的分数，所以关于百分数的计算，和分数的以及比的计算也没有什么不同。子数就是比的前项，母数就是比的后项，百分率不过是用100做分母时的比值。"马先生把百分法和比这样比较，自然百分法只是比例的应用了。

例二：硫黄80磅可造多少火药？要掺杂多少硝石和木炭？

这是极容易的题目，只要由图105上一看就知道了。在$OB$上，$B_1$表示8磅硫黄，从它往下看，相当于80磅火药；往上看，$A_1$指示60磅硝石，$C_1$指示12磅木炭。各数变大10倍，便是80磅硫黄可造800磅火药，要掺杂600磅硝石，120磅木炭。

用比例计算，是这样：

火药：$2:80=20$磅$:x$磅，$\qquad x$磅$=800$磅，

硝石：$2:80=15$磅$:x$磅，$\qquad x$磅$=600$磅，

木炭：$2:80=3:x$磅，$\qquad x$磅$=120$磅。

如果用百分法，便是：

火药：$80$磅$\div 10\% = 80$磅$\div \dfrac{10}{100} = 80$磅$\times \dfrac{100}{10} = 800$磅。

这是求母数。

硝石：$800$磅$\times 75\% = 800$磅$\times \dfrac{75}{100} = 600$磅，

木炭：$800$磅$\times 15\% = 800$磅$\times \dfrac{15}{100} = 120$磅。

这都是求子数。

用比例和用百分法计算，实在没有什么两样。不过习惯了的时候，用百分法比较简单一点罢了。

例三：定价4元的书，如果加价4成售卖，卖价是多少？

这题的作图法，起先我以为很容易，但一动手，就感到困难了。如图106所示，$OA$线表示$\frac{40}{100}$，我是会作的。

图 106

但是，由它只能看出售价是1元加0.4元（$A_1$），2元加0.8元（$A_2$），3元加1.2元（$A_3$）和4元加1.6元（$A$）。固然，由此可以知道1元要卖1.4元，2元要卖2.8元，3元要卖4.2元，4元要卖5.6元。但这是算出来的，图上却找不到。

我照这些卖价作成$C_1$，$C_2$，$C_3$和$C$各点，把它们连起来，得直线$OC$。由$OC$上的$C_4$看，卖价是3.5元。往下看到$OA$上的$A_4$，加的是1元。再往下看，原价是2.5元。这些都是合题的。线大概是做对了，不过对于作法，我总觉得不可靠。

周学敏和其他两个同学都和我犯同样的毛病，王有道怎样我不知道。他们拿这问题去问马先生，马先生的回答是："你们是想把原价加到所加的价上面去，弄得没有办法了。何妨反过来，先将原价表出，再把所加的价加上去呢？"

原价本来在横线上表示得很清楚，怎样再来表示呢？我闷着头想，忽然想到了！要另外表示，是照原价卖的卖价。这便成为1就是1，2就是2，我就作了$OB$线。再把$OA$所表示的往上一加，就成了$OC$。$OC$仍旧是$OC$，这作法却有了根了。

至于计算法，本题求的是母子和。由图上看得很明白，$B_1$，$B_2$，$B_3$，…指的是母数；$B_1C_1$，$B_2C_2$，$B_3C_3$，…指的是相应的子数；$C_1$，$C_2$，$C_3$，…指的便是相应的母子和。即：

$$母子和＝母数＋子数$$
$$＝母数＋母数×百分率$$
$$＝母数（1＋百分率）$$

一加百分率，就是$C_1$，所表示的。在本题，卖价是：
$$4×（1+0.40）＝4×1.40＝5.6$$

例四：上海某公司货物，按照定价加2成售卖。运到某地需要加运费5成，某地商店按照成本再加2成售卖。上海定价50元的货，某地的卖价是多少？

本题只是前题中的条件多重复两次，可以说不难。但我动手作图的时候，就碰了一次钉子。

如图107所示，我先做$OA$表示20%的百分率，$OB$表示母数1，$OC$表示上海的卖价，这些和前题完全相同，当然一点不费力。

运费是按照卖价加5成，我做$OD$表示50%的百分率以后，却迷惑了，不知怎样将这5成运费加到卖价$OC$上去。要是去请教马先生，他一定要说我"六窍皆通"了。不只我一个人，大家都一样，一边用铅笔在纸上画，一边低着头想。

图 107

母数！母数！对于运费来说，上海的卖价不就成了母数吗？

"天下无难事，只怕想不通"。这一点想通了，真是再简单不过。如图107所示，将OD所表示的百分率，加到OB所表示的母数上去，得直线OE，它所表示的便是成本。

把成本又作母数，再加2成，仍然由直线OC表示，这就成了某地的卖价。

是的！50元（$OP_1$），加2成10元（$P_1A_1$），上海的卖价是60元（$P_1C_1$）。

60元作母数，$OP_2$加运费5成30元（$P_2D_1$），成本是90元（$P_2E_1$）。

90元作母数，$OP_3$加2成18元（$P_3A_2$），某地的卖价是108元（$P_3C_2$）。

算法是很容易的，将它和图对照起来，真是有趣极了！

$$50 \times (1+0.20) \times (1+0.50) \times (1+0.20) = 108$$

$$
\begin{array}{c}
\vdots \quad \vdots \quad \vdots \qquad \vdots \quad \vdots \qquad \vdots \quad \vdots \qquad \vdots \\
OP_1 \quad \underbrace{PB \quad PA} \qquad \underbrace{PB \quad PD} \qquad \underbrace{PB \quad PA} \\
\vdots \qquad PC \qquad\qquad PE \qquad\qquad PC \qquad P_3C_2 \\
\underbrace{P_1C_1\,(OP_2)} \qquad\qquad\qquad \vdots \\
\qquad\qquad P_2E_1\,(OP_3)
\end{array}
$$

**例五**：某市用十年前的物价作为标准，物价指数是150%。现在定价30元的物品，十年前的定价是多少？

"物价指数"是一个新鲜名词，马先生解释道："简单地说，一个时期的物价对于某一定时期物价的比，叫作物价指数。为了方便，作为标准的某一定时期的物价，算是一百。所以，将物价指数和百分比对照：一定时期的物价，便是母数；物价指数便是（1+百分率）；现时的物价便是母子和。"

经过这样解释，我们已经懂得：本题已知母子和，与物价指数（1+百分率），求母数。

如图108所示，先作$OB$表示1加百分率，即150%。再作$OA$表示1，即100%。从纵线30那一点，横看到直线$OB$得$B$点。由$B$往下看得20元，就是十年前的物价。

图 108

算法是这样：30元÷150%＝20元。这是由例三的公式可推出来的：母数＝母子和÷（1＋百分率）。

例六：如前题，现在的物价比十年前的物价上涨了多少？

这自然只是求子数的问题了。在图中（图108）OA线表示的是100%，就是十年前的物价。所以，$A_1B$表示的10元，就是上涨的价。因为PB是母子和，$PA_1$是母数，PB减去$PA_1$就是子数。

求子数的公式很明白，应是：

子数＝母子和－母子和÷（1＋百分率）

例七：十年前定价20元的物品，现在定价30元，求所涨的百分率和物价指数。

这个题目，由于是从例五变化出来的，因此作图的方法当然相同。不过，顺序需要变换一下。先作表示现价的OB，再作表示十年前定价的OA，从$A_1$向下截去$A_1B$的长得$C_1$。连$OC_1$，得直线OC，它表示的便是百分率：

$PC_1 : OP = 10 : 20 = 50\%$。

至于物价指数，就是100%加上50%，等于150%。

计算的公式是：

$$百分率 = \frac{母子和 - 母数}{母数} \times 100\%$$

**例八**：定价15元的货物，按7折出售，卖价是多少？减去多少？

大概是这些例题比较简单的缘故，没有一个人感到困难。不得不说，由于马先生详加指导，使我们一见到题目，就已经知道寻找它的要点了。这几道题，差不多都是我们自己做出来的，很少依赖马先生。

本题和例三相似，只是这里是减，那里是加。如图109所示，先做表示百分率（30%）的线$OA$，又做表示原价1的线$OB$。由$PB$减去$PA$得$PC$，联结$OC$，它所表示的就是卖价。$CB$和$PA$相

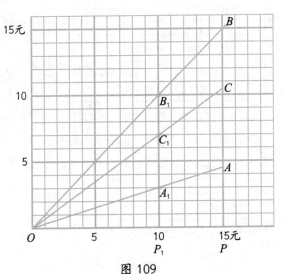

图 109

等，都表示减去的数量。

图109中表示得很清楚，卖价是10.5元（$PC$），减去的是4.5元（$PA$或$CB$）。

在百分法中，这是求母子差的问题。由前面的说明，公式很容易得出：

母子差＝母数×（1－百分率）

$$\vdots \qquad \vdots \qquad \vdots \qquad \vdots$$

$$PC \qquad OP \qquad P_1B_1 \quad P_1A_1（C_1B_1）$$

在本题，就是：

$15 \times (1-30\%) = 15 \times 0.70 = 10.5$

例九：8折后再6折和双7折，哪一种折减去的多？

图110中的$OP$表示定价。$OA$表示8折，$OB$表示7折，$OC$表示6折。

图 110

$OP$ 8折成$PA_1$。将它做母数，就是$OP_1$。$OP_1$6折，为$P_1C_1$。

$OP$ 7折为$PB_1$。将它做母数，就是$OP_2$。$OP_2$再7折，为$P_2B_2$。

$P_1C_1$比$P_2B_2$短，所以8折后再6折比双7折减去的多。

例十：王成之按照定价减去2成买进的脚踏车，一年后折旧5成卖出，得到32元，原来定价是多少？

这也不过是多绕一个弯的问题。如图111所示，$OS_1$表示第二次的卖价32元。$OA$表示折去5成。$OP_1$，64元，就是王成之的买价。用它作子数，即$OS_2$，为原主的卖价。

图 111

$OB$表示折去2成。$OP$，80元，就是原定价。

因为求母数的公式是：

母数＝母子差÷（1－百分率）。

所以算法是：

$$32元÷（1-50\%）÷（1-20\%）$$

$$=32元÷\frac{50}{100}÷\frac{80}{100}$$

$$=32元×2×\frac{5}{4}=80元$$

第四，单利息。

"100元，一年付10元的利息，利息占本金的百分之几？"马先生写完了标题问。

"10%。"我们一起回答。

"这10%，叫作年利率。所谓单利息，是利息不再生利的计算法。两年的利息是多少？"马先生又问。

"20元。"一个同学回答。

"三年的呢？"

"30元。"周学敏回答。

"付利息的次数，叫作期数。你们知道求单利息的公式吗？"

"利息等于本金乘以利率再乘以期数。"王有道答道。

"好！这就是单利息算法的基础。它和百分法有什么不同呢？"

"多一个乘数，期数。"我回答。我也想到它和百分法没有什么本质的差别：本金就是母数，利率就是百分率，利息就是子数。

"所以，对于单利息，用不着多讲，画个图就可以了。"马先生说。

图一点也不难画，因为无论从本金或期数说，利息对它们都是定倍数（利率）的关系。如图112所示，横线表示年数，从1到10。纵线表示利息，0到120元。本金都是100元。

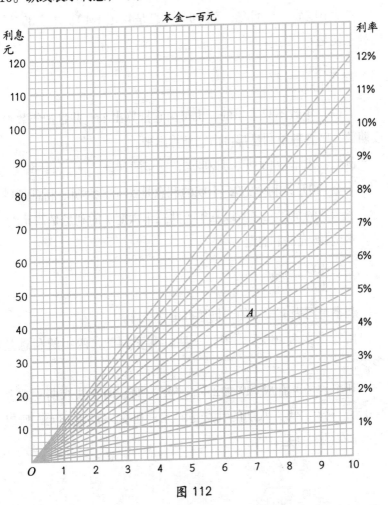

图 112

表示利率线共12条，依次是从年利1厘，2厘，3厘，…到1分、1.1分和1.2分。这个图表用法并不只限于检查本金100元十年间，每年按照所标利率的利息。本金不是100元的，也可由它推算出来。

例一：求本金350元，年利6%，7年间的利息。

本金100元，年利6%，7年间的利息是42元（$A$）。本金350元的利息便是：

$$42 \times \frac{350}{100} = 147$$

所以，年数不只十年的，也可由它推算出来。并且把年数看成期数，则各种单利息都可由它推算出来。

例二：求本金400元，月利2%，三年的利息。

本金100元，利率2%，十期的利息是20元，六期的利息是12元，三十期的是60元，所以三年（共三十六期）的利息是72元。

本金400元的利息是：

$$72 \times \frac{400}{100} = 288$$

利率是图表上没有的，仍然可由它推算。

例三：本金360元，半年一期，利率14%，四年的利息是多少？

利率14%可看成12%加2%。半年一期，四年共八期。本金100元，利率12%，八期的利息是96元，利率2%的是16元，所以利率14%的利息是112元。

本金360元的利息是：

$$112 \times \frac{360}{100} = 403.2$$

这些例题都是很简明的，真是"运用之妙，存乎一心"了！

## 24 画出指数曲线

"从来没有碰过钉子，今天却要大碰特碰了。"马先生这一课这样开始，"在上次讲正比例时，我们曾经说过这样的例子：一个数和它的平方数，1和1，2和4，3和9，4和16，…都是同时变大、变小，但它们不成正比例。你们试把它画出来看看。"

真是碰钉子！我用横线表示数，纵线表示平方数，先得 $A$，$B$，$C$，$D$ 四点，依次表示1和1，2和4，3和9，4和16，它们不在一条直线上。这还有什么办法呢？

我索性把表示5和25，6和36，7和49，8和64，9和81，10和100的点 $E$，$F$，$G$，$H$，$I$，$J$，都画了出来。真糟！简直看不出它们是在一条什么线上！

问题本来很简单，只是这些点好像是在一条弯曲的线上，是不是？成正比例的数或量，用点表示，这些点就在一条直线上。为什么不成正比例的数或量，用点表示，这些点就不在一条直线上呢？

对于这个问题，马先生说，这种说法是对的。本题的曲线，叫作抛物线。本来左边还有和它成线对称的一半，但在算术上用不到它。

"现在，我们谈到反比例的问题了，且来举一个例子看。"马先生说。

这个例子是周学敏提出的：3个人16天做完的工程，6个人几天做完？不用说，单凭心算，我也知道只要8天。

马先生叫我们画图。如图113所示，我用纵线表示天数，横线表示人数，得A和B两点，把它们连成一条直线。奇怪！这条纵线和横线的交点在9，明明是表示9个人做这项工程，就不要天数了！这成什么话？

图 113

我正在这样想，马先生似乎已经察觉到我的困惑，便向我提出警告："小心呀！多画出几个点来看。"

我就老老实实地，先算出下面的表，再把各个点都记出来：

| 人数 | 1 | 2 | 3 | 4 | 6 | 8 | 12 | 16 | 24 | 48 |
|------|-----|-----|-----|-----|-----|-----|-----|-----|-----|-----|
| 日数 | 48 | 24 | 16 | 12 | 8 | 6 | 4 | 3 | 2 | 1 |
| 点 | $C$ | $D$ | $A$ | $E$ | $B$ | $F$ | $G$ | $H$ | $I$ | $J$ |

还有什么可说呢？如图114所示，$C$, $D$, $E$, $F$, $G$, $H$, $I$, $J$这八个点，就没有一个点在直线$AB$上。它们又成一条抛物线了，我想。

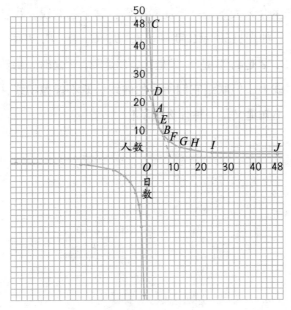

图 114

但是，马先生说，这和抛物线不一样，它叫双曲线。他还说，假如我们画图的纸是一个方方正正的"田"字形，纵线是"田"字中间的一竖，横线是"田"字中间的一横，这条曲线只在"田"字的右上一个方块里，那么在"田"字左下的一个方块里，还有和它成点对称的一条。

原来抛物线只有一条，双曲线却有两条，"田"字左下方块里一条，也是算术里用不到的。

"无论是抛物线或双曲线，都不是单靠一把尺子和一个圆规就能够画出来的。关于这一类问题，现在要用画图法来解决，我们只好宣告无能为力了！"马先生说。

停了两分钟，马先生又提出下面的一个题，叫我们画：$2^2$是4，$2^3$是8，$2^4$是16，…用线表示出来。

马先生今天大概是存心捉弄我们，这个题的线，我已知道不是直线了。如图115所示，我画了$A$，$B$，$C$，$D$，$E$，$F$六点，依次表示$2^1$是2，$2^2$是4，$2^3$是8，$2^4$是16，$2^5$是32，$2^6$是64。果然它们不在一条直线上，但联结它们所成的曲线，既不像抛物线，又不像双曲线，不知道又是一种什么线了！

**图115**

我们原来都只画OY这条纵线右边的一段，左边拖的一节尾巴，是马先生加上去的。马先生说，这条尾巴可以无限拖长，越长越和横线相近，但无论怎样，永远不会和它相交。在算术中，这条尾巴也是用不到的。这种曲线叫指数曲线。

"要表示复利息，就会用到这种指数曲线。"马先生说，"所以，要用老方法来处理复利的问题，也只有碰钉子了。"

马先生还画了一张表示复利息的图给我们看，如图116所示。它表出本金100元，一年一期，10年中，年利率2厘，3厘，4厘，5厘，6厘，7厘，8厘，9厘和1分的各种利息。

图 116

# 25 复比例其实不复杂

关于这类题目，马先生说，有大半是不能用作图法解决的，这当然毫无疑问。

反比例的题，既然已不免碰钉子，复比例中，含有反比例的，自然此路不通了。再说，即使不含有反比例，复比例中总含有三个以上的量，如果不能化繁为简，那也就手足无措了。

不过复比例中的题目，我们想不明白的，所以请求马先生不用作图法解也好，给我们一些指示。马先生答应了，并且叫我们提出问题来。以下的问题，全是我们提出的。

例一：同一件事情，24人合做，每天做10小时，15日可以做完；60人合做，每日少做2小时，几日可以做完？

一个同学提出这个题来的时候，马先生想了一下，说："我知道，你感到困难是因为这个题目转了一个小弯。你试将题目所给的条件，同类的一一对列起来看。"

他依马先生的话，列成下表：

| 人数 | 每日做的小时数 | 日数 |
|---|---|---|
| 24 | 10 | 15 |
| 60 | 少2 | ？ |

"由这个表看来，有多少数还不知道？"马先生问。

"两个，第二次每日做的小时数和日数。"他答道。

"问题的关键就在这一点。"马先生说，"一般的比例题，都是只含有一个未知数的。但你们要注意，比例所处理的都是和两个数量的比有关的事项。在复比例中，只不过有关的比多几个而已。所以题目中如果含有和比无关的条件，就超出了范围，应当先将它处理好。

"即如本题，第二次每日做的时数，题上说的是少2小时，就和比没有关系。第一次，每日做10小时，第二次每日少做2小时，做的是几小时？"

"10时少2小时，8小时。"周学敏回答。

这样一来，当然毫无疑问了。

$$\left.\begin{array}{l}\text{反}\quad 60\text{人}:24\text{人}\\ \text{反}\quad 8\text{小时}:10\text{小时}\end{array}\right\}=15\text{日}:x\text{日}$$

$$\therefore x=\frac{15\times24\times10}{60\times8}=7\frac{1}{2}$$

例二：一本书原有810页，每页40行，每行60字。如果重印时，每页增加10行，每行增加12个字，求页数减少多少页？

这个问题，虽然表面上看起来复杂一点，但实际上和前例是一样的。不要怪马先生听见另一个同学说完以后，露出一点轻微的不愉快了。

马先生叫他先找出第二次每页的行数，40加10，是50，和每行的字数，60加12，是72，再求第二次的页数。

$$\left.\begin{array}{l}\text{反}\quad 50\text{行}:40\text{行}\\ \text{反}\quad 72\text{字}:60\text{字}\end{array}\right\}=810\text{页}:x\text{页}$$

$$\therefore x = \frac{810 \times 40 \times 60}{50 \times 72} = 540$$

要求可减少的页数，这当然不是比例的问题，810页改成540页，可减少的是270页。

例三：从 $A$ 处到 $B$ 处，一般情况下6小时可以到达。现在将路程减少 $\frac{1}{4}$，速度增加 $\frac{1}{2}$ 倍，什么时候可以到达呢？

这个题，从前我不知从何下手，做完前两个例题后，现在我已懂得了。虽然我没有向马先生提出，也附记在这里。

原来的路程，就算它是1，后来减少 $\frac{1}{4}$，当然是 $\frac{3}{4}$。原来的速度也算它是1，后来增加 $\frac{1}{2}$ 倍，便是 $1\frac{1}{2}$。

$$\left.\begin{array}{cc} \text{正} & 1 : \frac{3}{4} \\ \\ \text{反} & 1\frac{1}{2} : 1 \end{array}\right\} = 6\text{小时} : x\text{小时}$$

$\therefore x$ 小时 $=3$ 小时

例四：狗走2步的时间，兔可以走3步；狗走3步的距离，兔需要走5步。狗30分钟所走的路，兔需要走多少时间呢？

"这题的难点。"马先生说，"只在包含时间（步子的快慢）和空间（步子和路的长短）。但只要注意判定正反比例就行了。第一，狗走2步的时间，兔可走3步，哪一个快？"

"兔快。"一个同学说。

"那么，狗走30分钟的步数，让兔来走，需要多长时间？"

"少些！"周学敏说。

"这是正比例还是反比例？"

"反比例！步数一定，走的快慢和时间成反比例。"王有道说。

"再来看，狗走3步的长，兔要走5步。狗走30分钟的步数，兔走的话时间怎样？"

"要多一些。"我回答。

"这是正比例还是反比例？"

"反比例！距离一定，步子的长短和步数成反例，也就同时间成反例。"还是王有道回答。

这样就可得：

$$\left.\begin{array}{ll} 反 & 3:2 \\ 反 & 3:5 \end{array}\right\} = 30分 : x分$$

$$\therefore\ x = \frac{30 \times 2 \times 5}{3 \times 3} = 33\frac{1}{3}$$

例五：牛车、马车运输力量的比为8：7，速度的比为5：8。以前用牛车8辆，马车20辆，于5日内运送280袋米到1.5里的地方。现在用牛、马车各10辆，于10日内要运送350袋米，求可以运送的距离。

这题是周学敏提出的，马先生问他："你觉得难点在什么地方？"

"有牛又有马，有从前运输的情形，又有现在运输的情形，关系比较复杂。"周学敏回答。

"你太执着了，为什么不分开来看呢？"马先生接着又说，"你们要记好两个基本原则：一个是不相同的量不能相加减；还有一个是不相同的量不能相比。本题就运输力量来说有牛车又有马车，既然它们不能并成一个力量，也就不能相比了。"

停了一阵，他又说："所以这个题，应当把它分成两段看：

'牛车、马车运输力量的比为8:7，速度的比为5:8。以前用牛车8辆，马车20辆；现在用牛、马车各10辆'这算一段。又从'以前用牛车8辆'，到最后又算一段。现在先解决第一段，变成都用牛车或马车，我们就都用牛车吧。马车20辆和10辆各合多少辆牛车？"

这个比较简单，力量的大小与速度的快慢对于所用的车辆都是成反比例的。

$$\left. \begin{array}{l} 8:7 \\ 5:8 \end{array} \right\} = 20\text{辆} : x\text{辆}$$

$$\therefore 20\text{辆马车的运输力} = \frac{20 \times 7 \times 8}{8 \times 5} = 28\text{辆牛车的运输力};$$

$$10\text{辆马车的运输力} = 14\text{辆牛车的运输力}。$$

我们得出这个答案后，马先生说："现在题目的后一段可以改个样子：以前用牛车8辆和28辆，现在用牛车10辆和14辆，……"

当然，到这一步，又是笨法子了。

$$\left. \begin{array}{lll} \text{正} & (8+28)\text{辆} : (10+14)\text{辆} \\ \text{正} & 5\text{日} : 10\text{日} \\ \text{反} & 350\text{袋} : 280\text{袋} \end{array} \right\} = 1\frac{1}{2}\text{里} : x\text{里}$$

$$x = \frac{1\frac{1}{2} \times (10+14) \times 10 \times 280}{(8+28) \times 5 \times 350} = \frac{\frac{3}{2} \times 24 \times 10 \times 280}{36 \times 5 \times 350}$$

$$= \frac{3 \times 12 \times 10 \times 280}{36 \times 5 \times 350} = 1\frac{3}{5}$$

例六：大工4人，小工6人，工作5日，工资共51.2元。后来有小工2人休息，用大工一人代替，工作6日，工资共多少？（大工一人2日的工资和小工一人5日的工资相等。）

这个题目的情形和前题一样，是马先生提出的，大概是要我们重复前题的算法吧！

先就工资说，将小工化成大工，这是一个正比例：

$5:2=6:x,$

$$x=\frac{12}{5}$$

这就是说，6个小工，1日的工资和 $\frac{12}{5}$ 个大工1日的工资相等。后来少去2个小工只剩4个小工，他们的工资和 $\frac{8}{5}$ 个大工的相等，由此得：

正　$\left(4+\frac{12}{5}\right)$ 大工 $:\left(4+\frac{8}{5}+1\right)$ 大工 $\Big\}=51.2$ 元 $:x$ 元

正　　　　　　　$5:6$

$$x=\frac{51.2\times\left(4+\frac{8}{5}+1\right)\times6}{\left(4+\frac{12}{5}\right)\times5}=\frac{51.2\times\frac{33}{5}\times6}{\frac{32}{5}\times5}$$

$$=\frac{51.2\times33\times6}{32\times5}=63.36$$

复比例一课就这样结束了，我已经明白了好几个应该注意的事项。

## 26 物与物怎样交换

例一：酒4升可换茶3斤；茶5斤可换米12升；米9升可换酒多少？

马先生写好了题，问道："这样的题，在算术中，属于哪一部分？"

"连比例。"王有道回答。

"连比例是怎么一回事，你能简单说明吗？"

"是由许多简比例连合起来的。"王有道说。

"这也是一种说法，照这种说法，你把这个题做出来看看。"

下面就是王有道做的：

（1）简比例的算法：

12升米：9升米＝5斤茶：x斤茶，

$$x斤茶＝\frac{5斤茶×9}{12}＝\frac{15斤茶}{4}$$

$$3斤茶：\frac{15斤茶}{4}＝4升酒：x升酒，$$

$$x升酒＝\frac{4升酒×\frac{15}{4}}{3}＝5升酒$$

（2）连比例的算法：

$$\begin{array}{l} 4升酒 \diagdown \quad 3斤茶 \\ 5斤茶 \diagup\diagdown \quad 12升米 \\ 9升米 \diagup \quad x升酒 \end{array}$$

$$x升酒 = \frac{4升酒 \times 5 \times 9}{3 \times 12} = 5升酒$$

这两种算法，其实只有繁简和顺序不同，根本上毫无差别。王有道为了说明它们相同，还把（1）中的第四式这样写：

$$x升酒 = \frac{4升酒 \times \dfrac{5 \times 9}{12}\left(即\dfrac{15}{4}\right)}{3}$$

$$= \frac{4升酒 \times 5 \times 9}{3 \times 12}$$

$$= 5升酒$$

它和（2）中的第二式完全一样。

马先生对于王有道的做法很满意，但他说："连比例也可以说是两个以上的量相连续而成的比例，不过这和算法没有什么关系。"

"连比例的题，能用画图法来解吗？"我想着，因为它是一些简比例合成的，应该可以。但一方面又想到，它所含的量在三个以上，恐怕未必行，因而不能断定。我索性向马先生请教。

"可以！"马先生斩钉截铁地回答，"而且并不困难。你就用这个例题来画画看吧。"

可先依照酒4升茶3斤这个比，用纵线表示酒，横线表示茶，画出直线 $OA$。米用哪条线表示呢？其实，每个人都没有动手。马先生看看这个，又看看那个。

"怎么又犯难了！买醋的钱，难道就买不了酱油吗？你们个个都可以成牛顿了，大猫走大洞，小猫难道就一定要走小洞，是吗？纵线上，现在你们的单位是升，一只升子❶量了酒就不能量米吗？"

这明明是在告诉我们，又用纵线表示米，依照茶5斤可换米12升的比，我画出了OB线。我们画完图117以后，马先生巡视了一周，才说："问题的要点在后面，怎样找出答数来呢？9升米可换多少茶呢？"

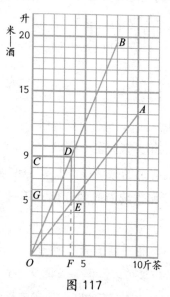

图 117

我们从纵线上的C（表示9升米），横看到OB上的D（茶、米的比），往下看到OA上的E（茶、酒的比），再往下看到F（茶$\frac{15}{4}$斤）。

"茶的斤数，就题目说，是没有用处的。"马先生说，"你们

---

❶量粮食的器具，容量为一升。

由茶和酒的关系，再看'过'去。""过"字说得特别响。我就由
$E$ 横看到 $G$，它指着5升，这就是所求酒的升数了。

例二：酒3升的价格等于茶2斤的价格；茶3斤的价格等于糖4
斤的价格；糖5斤的价格等于米9升的价格。酒1斗可换米多少？

"举一反三。"马先生写了题说，"这个题，不过比前一题多
一个弯，你们自己做吧！"

如图118所示，我先取纵线表示酒，横线表示茶，依酒3茶2
的比，画 $OA$ 线。又取纵线表示糖，依茶3糖4的比，画 $OB$ 线。再
取横线表示米，依照糖5米9的比，画 $OC$ 线。

最后，从纵线10，1斗酒。横着看到 $OA$ 上的 $D$，酒就换了
茶。由 $D$ 往下看到 $OB$ 上的 $E$，茶就换了糖。由 $E$ 横看到 $OC$ 上的 $F$，
糖依然一样多，但由 $F$ 往下看到横线上的16，糖已换了米。酒1斗
换米1.6斗。

图 118

---

一斗为十升。

照连比例的算法：

3升酒 —————— 2斤茶

3斤茶 —————— 4斤糖

5斤糖 —————— 9升米

$x$升米 —————— 10升酒

$$x \text{ 升米} = \frac{9\text{升米}\times10\times4\times2}{5\times3\times3} = 16 \text{ 升米}$$

结果当然完全相同。

例三：甲、乙、丙三人赛跑，100步内，乙负甲20步；180步内，乙胜丙15步；150步内，丙负甲多少步？本题含有不是比例的条件，所以应先改变一下。"100步内，乙负甲20步"，就是甲跑100步时，乙只跑80步；"180步内，乙胜丙15步"，就是乙跑180步时，丙只跑165步。照这两个比，如图119所示，取横线表

图 119

示甲和丙所跑的步数，纵线表示乙所跑的步数，我画出$OA$和$OB$两条线来。

横线上150是甲跑的步数，往上看到$OA$线上的$C$，指明甲跑150步时，乙跑120步。再由$C$横看到$OB$线上的$D$，由$D$往下看，横线上110，就是丙跑的步数。从110到150相差40，便是丙负甲的步数。

计算是这样：

$$100甲 \diagdown (100-20)乙$$
$$180乙 \diagdown (180-15)丙$$
$$x丙 \diagup 150甲$$

$$x = \frac{(100-20) \times (180-15) \times 150}{100 \times 180}$$

$$= \frac{80 \times 165 \times 150}{100 \times 180}$$

$$= 110$$

$$150 - 110 = 40$$

**例四**：甲、乙、丙三人速度的比，甲和乙是$3:4$，乙和丙是$5:6$。丙20小时所走的距离，甲需走多长时间？

"这个题目，当然很容易，但需注意走一定距离所需的时间和速度是成反比例的。"马先生警告我们。

因为这个警告，我们便知道，甲和乙速度的比是$3:4$，则它们走相同的距离，所需的时间的比是$4:3$；同样地，乙和丙走相同的距离，所需的时间的比是$6:5$。

至于作图的方法和前一题相同。如图120所示，最后由横线上的20，就用它表示时间，直上到OB线的C，由C横过去到OA上的D，由D直下到横线上32。它告诉我们，甲需走32小时。

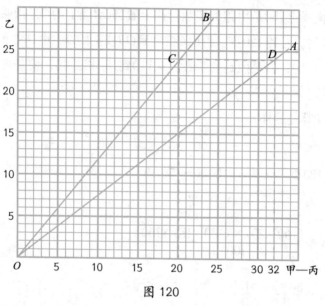

图 120

计算的方法是：

$$x = \frac{20 \times 6 \times 4}{3 \times 5} = 32$$

## 27 怎样按比进行分配

例一：大小两数的和为20，小数除大数得4，大小两数各是多少？

"马先生！这个题已经讲过了！"周学敏还不等马先生将题写完，就喊了起来。不错，第四节的例二，便是这道题。难道马先生忘了吗？不！我想他一定有别的用意。

"已经讲过的？很好！你就照已经讲过的做出来看看。"马先生叫周学敏将图121画在黑板上。

图 121

"好！图作得不错！"周学敏做完，回到座位上的时候，马先生说，"现在你们看一下，*OD*这条线表示的是什么？"

"表示倍数一定的关系，大数是小数的4倍。"周学敏今天不知为什么特别高兴，比平时还喜欢说话。

"我说，它表示比一定的关系，对不对？"马先生问。

"自然对！大数是小数的4倍，也可说是大数和小数的比是4：1，或小数和大数的比是1：4。"王有道抢着回答。

"好！那么，这个题……"马先生说着在黑板上写：依照4和1的比将20分成大小两个数，各是多少呢？

"这个题，在算术中，属于哪一部分呢？"

"配分比例。"周学敏又很快地回答。

"它和前一个题，在本质上是不是一样的呢？"

"一样的！"我说。

这一来，我们当然明白了，配分比例问题的作图法，和四则问题中的这种题的作图法，根本上是一样的。

例二：4尺长的线，依照3：5的比，分成两段，各长多少？

现在，在我们当中，我相信谁都会做这个题了。*AB*表示和一定，即加一起等于4尺的关系。*OC*表示比一定，呈3：5的关系。*FD*等于*OE*，等于1.5尺；*ED*等于*OF*，等于2.5尺。它们的和是4尺，比正好是：

$$1\frac{1}{2} : 2\frac{1}{2} = \frac{3}{2} : \frac{5}{2} = 3 : 5$$

算术上的计算法，比起作图法来，更加复杂一些：

$$(3+5) : 3 = 4 : x_1, \qquad x_1 = \frac{4 \times 3}{3+5} = \frac{12}{8} = 1\frac{1}{2};$$

$$(3+5):5=4:x_2, \qquad x_2=\frac{4\times5}{8}=\frac{5}{2}=2\frac{1}{2}。$$

"这道题的画法，还有别的吗？"马先生在大家做完以后，忽然提出这个问题。但是没有人回答。

"你们还记得用几何画法中的等分线段的方法，来作除法吗？"听马先生这么一说，我们自然想起第二节听说的了。

他接着又说："比是可以看成分数的，这我们早就讲过。分数可看成若干小单位集合成的，不是也讲过吗？把已讲过的三项合起来，我们就可得出本题的另一种做法了。"

"你们不妨把横线表示被分的数量4尺，然后将它等分成（3+5）段。"马先生这样吩咐。

但我们照第二节所说的方法，如图122所示，过O点任意画一条线，马先生却说："这真是食而不化，依样画葫芦，未免小题大做。"他指示我们把纵线当作要画的线，更是省事。

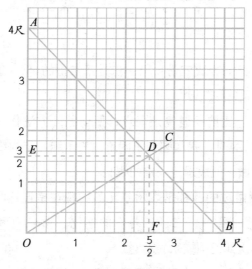

图 122

如图123所示，我先在纵线上取$OC$等于3，再取$CA$等于5。连结$AB$，过$C$作$CD$和它平行，这实在简捷得多。$OD$正好等于1.5尺，$DB$正好等于2.5尺。结果不但和图122相同，而且把算式比照起来看更要简单，即如：

$$(3+5):3=4尺:x_1尺。$$
$$\vdots\quad\vdots\quad\vdots\quad\vdots\quad\vdots$$
$$OC\ \ CA\ \ OC\ \ OB\ \ OD$$

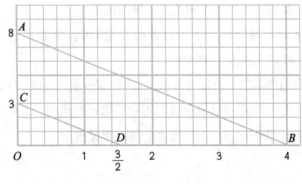

图 123

例三：把96分成三份：第一份是第二份的4倍，第二份是第三份的3倍，各是多少？

这题不过比前一题复杂一点，照前题的方法做应当是不难的。但作图124时，我却感到了困难。表示和一定的线$AB$当然毫无疑义可以做，但表示比一定的线呢？

我们所做过的，都是表示单比的，现在是连比呀！连比！连比！本题，第一、二、三各份的连比，由4：1和3：1，得12：3：1，这如何画线来表示呢？

马先生见我们无从下手，充满疑惑，突然笑了起来，问道："你们读过《三国演义》吗？它的头一句是什么？"

"话说，天下大势，分久必合，合久必分……"一个被我们称为小说家的同学说。

"运用之妙，存乎一心。现在就用得到一分一合了。先把第二、三两份合起来，第一份与它的比是什么？"

"12：4，等于3：1。"周学敏回答。

依照这个比，如图124所示，我画OC线，得出第一份OD是72。以后呢？又没办法了。

图 124

"刚才是分而合，现在就当由合而分了。DA所表示的是什么？"马先生问。

自然是第二、三份的和。为什么一下子就迷惑了呢？为什么不会想到把A，E，C当成独立的看，作3：1来分AC呢？照这个比，作DE线，得出第二份DF和第三份FA，各是18和6。72是18的

4倍，18是6的3倍，岂不是正合题意吗？

本题的算法很简单，我就不写了。但用第二种方法作图125，更简明一些，所以我把它作了出来。不过我先作的图和图135的形式是一样的：$OD$表示第一份，$DF$表示第二份，$FB$表示第三份。

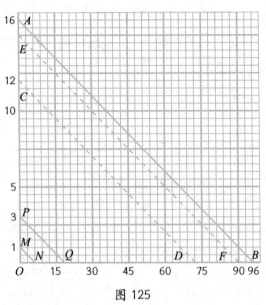

图 125

后来，王有道与我讨论了一番，依照1：3：12的比，作$MN$和$PQ$同$CD$平行，用$ON$和$OQ$分别表示第三份和第二份，它们的数目，一眼望去就明了了。

例四：甲、乙、丙三人，合买一块地，各人应有土地的比是$1\frac{1}{2}$：$2\frac{1}{2}$：4。后来甲买进丙所有的$\frac{1}{3}$，而卖1亩给乙，甲和丙所有的地就相等了。求各人原有地多少？

虽然这个题目弯子绕得比较多，但是马先生说过，对付繁杂的题目，最要紧的是化整为零，把它分成几步去做。马先生叫王有道做这个分析工作。

王有道说：第一步，把三个人原有地的连比，化得简单些，就是：

$$1\frac{1}{2} : 2\frac{1}{2} : 4 = \frac{3}{2} : \frac{5}{2} : 4 = 3 : 5 : 8$$

接着他说：第二步，要求出地的总数，这就要替他们清一清账了。对于总数说，因为 3＋5＋8＝16，所以甲占 $\frac{3}{16}$，乙占 $\frac{5}{16}$，丙占 $\frac{8}{16}$。

丙卖去他的 $\frac{1}{3}$，就是卖去总数的 $\frac{8}{16} \times \frac{1}{3} = \frac{8}{48}$。

他剩的是自己的 $\frac{2}{3}$，等于总数的 $\frac{8}{16} \times \frac{2}{3} = \frac{16}{48}$。

甲原有总数的 $\frac{3}{16}$，再买进丙卖出的总数的 $\frac{8}{48}$，这就是总数的 $\frac{3}{16} + \frac{8}{48} = \frac{9}{48} + \frac{8}{48} = \frac{17}{48}$。

甲卖去1亩便和丙的相等，这就等于说，甲如果不卖这1亩的时候，比丙多1亩。

这一来我们就知道，总数的 $\frac{17}{48}$ 比它的 $\frac{16}{48}$ 多1亩。所以总数是：

$$1 \div \left( \frac{17}{48} - \frac{16}{48} \right) = 1 \div \frac{1}{48} = 48$$

这以后，就算王有道不说，我也知道了：

$$16 : 5 = 48 : x_2$$

$$\begin{matrix} 3 & & x_1 \\ & & \\ 8 & & x_3 \end{matrix}$$

$$x_1 = \frac{48 \times 3}{16} = 9 \text{（甲）}$$

$$x_2 = \frac{48 \times 5}{16} = 15 \text{（乙）}$$

$$x_3 = \frac{48 \times 8}{16} = 24 \text{（丙）}$$

虽然结果已经算了出来，马先生还叫我们用作图法来做一次。

我对于作图，决定用前面王有道同我讨论所得的形式。如图126所示，横线表示地亩。纵线：$OA$ 表示甲的，$1\frac{1}{2}$。$OB$ 表示乙的，$2\frac{1}{2}$。$OC$ 表示丙的，4。在 $OA$ 上加 $OC$ 的 $\frac{1}{3}$（4小段）得 $OA_1$。从 $A_1O$ 减去 $OC$ 的 $\frac{2}{3}$（8小段）得 $OA_2$，这就是后来甲卖给乙的。

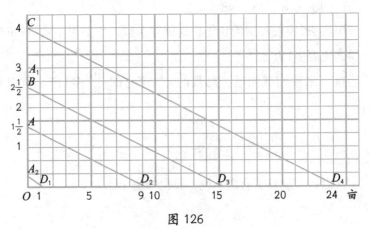

图 126

连 $A_2D_1$（$OD_1$ 表示1亩），作 $AD_2$，$BD_3$ 和 $CD_4$ 与 $A_2D_1$ 平行。

$OD_2$ 指9亩，$OD_3$ 指15亩，$OD_4$ 指24亩，它们的连比，正是：

$$9 : 15 : 24 = 3 : 5 : 8 = 1\frac{1}{2} : 2\frac{1}{2} : 4$$

这样看起来，作图法还是要更简捷一些。

例五：甲工作6日，乙工作7日，丙工作8日，丁工作9日，其工价相等。现在甲工作3日，乙工作5日，丙工作12日，丁工作7日，共得工资24.64元，求每个人应得多少？

自然，这个题，只要先找出四个人各应得工资的连比就容易了。

我想，这是说得过去的，假设他们相等的工价都是1，则他们各人一天所得的工价，便是 $\frac{1}{6}$、$\frac{1}{7}$、$\frac{1}{8}$、$\frac{1}{9}$。而他们应得的工价的比，是：

$$甲 : 乙 : 丙 : 丁 = \frac{3}{6} : \frac{5}{7} : \frac{12}{8} : \frac{7}{9} = 63 : 90 : 189 : 98。$$

$$63 + 90 + 189 + 98 = 440,$$

$$24.64 \times \frac{1}{440} = 0.056,$$

$$0.056 \times 63 = 3.528（甲的工资）$$

$$0.056 \times 90 = 5.04（乙的工资）$$

$$0.056 \times 189 = 10.584（丙的工资）$$

$$0.056 \times 98 = 5.488（丁的工资）$$

本题如果用做图法解答，理论上当然毫无困难，但事实上要表示出三位小数来，是难能可贵的啊！

# **28** 混合比例的四大类型

　　暑假快要结束了，马先生的讲述涉及全部算术中的重要题目，可以说，十分之九都提到了。还有许多要点，是一般的教科书上不曾讲到的。这个暑假，我过得算是最有意义了。

　　今天，马先生来结束全部的讲授。他提出混合比例的问题，按照一般算术教科书上的说法，将混合比例的问题分成四类，马先生就按照这种顺序讲解。

　　第一，求平均价。

　　例：上等酒2斤，每斤3.5角；中等酒3斤，每斤3角；下等酒5斤，每斤2角。三种相混，每斤值多少钱？

　　这又是已经讲过的老题目，但周学敏这次却不说话了，他大概和我一样，正期待着马先生的花样翻新吧。

　　"这个题目，第十三节已经讲过，你们还记得吗？"马先生问。

　　"记得！"好几个人回答。

　　"现在，我们已有了比例的概念和它的表示法，不妨变一个花样。"果然马先生要换一种方法了，"你们用纵线表示价钱，横线表示斤数，先画出正好表示上等酒2斤一共价钱的线段。"

　　当然，这是非常容易的，我们画了OA线段，如图127所示。

图 127

"再从*A*起画表示中等酒3斤一共的价钱的线段。"

我们又作直线*AB*。

"又从$B$起画表示下等酒5斤一共的价钱的线段。"

这就是$BC$。

"连结$OC$。"我们照办了。

马先生问："由$OC$看来,三种酒一共价值多少钱?"

"2.6元。"我说。

"一共几斤?"

"10斤。"周学敏说。

"怎样找出1斤的价钱呢?"

"由指示1斤的$D$点。"王有道说,"画纵线和$OC$交于$E$,由$E$横看得$F$,它指出2.6角来。"

"对的!这种做法并不比第十三节所用的简单,不过对于以后的题目来说,却比较适用。"马先生这样做一个小小的结束语。

第二,求混合比。

例一:上茶每斤价值1.2元,下茶每斤价值0.8元。现在要混成每斤价值0.95元的茶,应当依照怎样的比来配合呢?

依照前面马先生所给的暗示,我先做好分别表示每斤1.2元、每斤0.8元和每斤0.95元的三条线$OA$、$OB$和$OC$。再将它和图127比较一下,我就想到将$OB$的平行线搬到$OC$的上面去,便是由$C$点作$CD$平行于$OB$。它和$OA$交于$D$,由$D$往下到横线上得$E$,由$C$往下到横线上得$F$,于是得图128。

上茶:下茶$=OE:EF=9:15=3:5$。

比如上茶3斤价值3.6元,下茶5斤价值4元,一共8斤价值7.6元,每斤正好价值0.95元。

自然,将$OA$的平行线搬到$OC$的下面,也是一样的。即经过

$C$作$CH$平行于$OA$，它和$OB$交于$H$。由$H$往下到横线上，得$K$。

下茶：上茶$=OK:KF=15:9=5:3$。

结果完全一样，不过顺序不同罢了。

图 128

其实这个比由$A_1$、$C_1$、$B_1$和$A_2$、$C_2$、$B_2$的关系就可看出来的：

$$A_1C_1:C_1B_1=5:3$$

$$A_2C_2:C_2B_2=2\frac{1}{2}:1\frac{1}{2}=\frac{5}{2}:\frac{3}{2}=5:3$$

把这种情形，和算术上的计算法比较，更是有趣。

| 平均价<br>0.95元（$OC$） | 原 价 | 损 益 | 混合比 | |
|---|---|---|---|---|
| | 上1.20元（$OA$） | −0.25元（$A_2C_2$） | 15（$EF$） | 5（$A_1C_1$或$A_2C_2$） |
| | 下0.80元（$OB$） | +0.15元（$B_2C_2$） | 9（$OE$） | 3（$C_1B_1$或$C_2B_2$） |

例二：有四种酒，每斤的价格为：$A$，0.5元；$B$，0.7元；$C$，1.2元；$D$，1.4元。怎样混合成每斤价格为0.9元的酒？

作图容易，依照每斤的价格，画$OA$，$OB$，$OC$，$OD$和$OE$五条线。再经过$E$作$OA$的平行线，和$OC$，$OD$交于$F$，$G$。又经过$E$作$OB$的平行线，和$OC$，$OD$交于$H$，$I$。由$F$，$G$，$H$，$I$各点，相应地便可得出$A$和$C$，$A$和$D$，$B$和$C$，同着$B$和$D$的混合比来。配合这些比，就可得出所求的数。因为配合方法不同，形式也就各别了。

马先生说，如图129所示，本题由$F$，$G$，$H$，$I$各点去找$A$和$C$，$A$和$D$，$B$和$C$，同着$B$和$D$的比，反不如就$AE$，$BE$，$CE$，$DE$看，更加简明。依照这个看法：

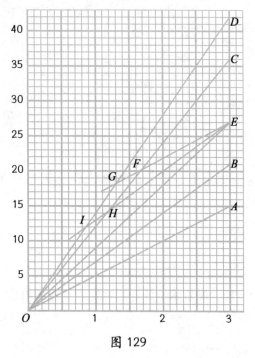

图 129

$AE=12$，$BE=6$，

$CE=9$，$DE=15$

因为只用到它们的比，所以可以变成：

$AE=4$，$BE=2$，

$CE=3$，$DE=5$

再注意把它们的损益相消，就可以配合成了。配合的方式，本题可有七种。马先生叫我们共同考察，将算术上的算法，和图129对照起来看，这实在是又切实又有趣的工作。

本来，我们按照老办法计算的时候，方法虽懂得，结果虽不差，但心里面总是模糊的。现在，经过这一番探讨，才算一点不含糊地明了了。

配合的方式，可归结成三种，分别写在下面：

损益各取一个相配的，在图上，就是$OE$线的上（损）和下（益）各取一个相配。

（1）$A$和$D$、$B$和$C$配。

|  | 原 价 | 损 益 | 混合比 |
|---|---|---|---|
| 平均价0.9元（$OE$） | $A$ 0.5元（$OA$） | +0.4元（$AE$下） | 5（$DE$） |
|  | $B$ 0.7元（$OB$） | +0.2元（$BE$下） | 3（$CE$） |
|  | $C$ 1.2元（$OC$） | −0.3元（$CE$上） | 2（$BE$） |
|  | $D$ 1.4元（$OD$） | −0.5元（$DE$上） | 4（$AE$） |

（2）$A$和$C$、$B$和$D$配。

|  | 原 价 | 损 益 | 混合比 |
|---|---|---|---|
| 平均价0.9元（$OE$） | $A$ 0.5元（$OA$） | +0.4元（$AE$下） | 3（$CE$） |
|  | $B$ 0.7元（$OB$） | +0.2元（$BE$下） | 5（$DE$） |
|  | $C$ 1.2元（$OC$） | −0.3元（$CE$上） | 4（$AE$） |
|  | $D$ 1.4元（$OD$） | −0.5元（$DE$上） | 2（$BE$） |

取损或益中的一个和益或损中的两个分别相配，其他一个损或益和一个益或损相配：

（3）$D$ 和 $A$、$B$ 各相配，$C$ 和 $A$ 配。

| | 原价 | 损益 | 混合比 | | | |
|---|---|---|---|---|---|---|
| 平均价 0.9元 | $A$ 0.5元 | +0.4元 | 5（$DE$） | | 3（$CE$） | 8 |
| | $B$ 0.7元 | +0.2元 | | 5（$DE$） | | 5 |
| | $C$ 1.2元 | −0.3元 | | | 4（$AE$） | 4 |
| | $D$ 1.4元 | −0.5元 | 4（$AE$） | 2（$BE$） | | 6 |

（4）$D$ 和 $A$、$B$ 各相配，$C$ 和 $B$ 相配。

| | 原 价 | 损 益 | 混合比 | | | |
|---|---|---|---|---|---|---|
| 平均价 0.9元 | $A$ 0.5元 | +0.4元 | 5（$DE$） | | | 5 |
| | $B$ 0.7元 | +0.2元 | | 5（$DE$） | 3（$CE$） | 8 |
| | $C$ 1.2元 | −0.3元 | | | 2（$BE$） | 2 |
| | $D$ 1.4元 | −0.5元 | 4（$AE$） | 2（$BE$） | | 6 |

（5）$C$ 和 $A$、$B$ 各相配，$D$ 和 $A$ 相配。

| | 原 价 | 损 益 | 混合比 | | | |
|---|---|---|---|---|---|---|
| 平均价 0.9元 | $A$ 0.5元 | +0.4元 | 3（$CE$） | | 5（$DE$） | 8 |
| | $B$ 0.7元 | +0.2元 | | 3（$CE$） | | 3 |
| | $C$ 1.2元 | −0.3元 | 4（$AE$） | 2（$BE$） | | 6 |
| | $D$ 1.4元 | −0.5元 | | | 4（$AE$） | 4 |

（6）$C$ 和 $A$、$B$ 相配，$D$ 和 $B$ 相配。

| | 原 价 | 损 益 | 混合比 | | | |
|---|---|---|---|---|---|---|
| 平均价 0.9元 | $A$ 0.5元 | +0.4元 | 3（$CE$） | | | 3 |
| | $B$ 0.7元 | +0.2元 | | 3（$CE$） | 5（$DE$） | 8 |
| | $C$ 1.2元 | −0.3元 | 4（$AE$） | 2（$BE$） | | 6 |
| | $D$ 1.4元 | −0.5元 | | 2（$BE$） | | 2 |

取损或益中的每一个，都和益或损中的两个相配。

（7）D和C各都同A和B相配。

| 平均价<br>0.9元 | 原 价 | 损 益 | 混合比 | | | | | |
|---|---|---|---|---|---|---|---|---|
| | A 0.5元 | +0.4元 | 5（DE） | | 3（CE） | | 8 | 4 |
| | B 0.7元 | +0.2元 | | 5（DE） | | 3（CE） | 8 | 4 |
| | C 1.2元 | −0.3元 | | | 4（AE） | 2（BE） | 6 | 3 |
| | D 1.4元 | −0.5元 | 4（AE） | 2（BE） | | | 6 | 3 |

第三，知道了全量，求混合量。

例一：鸡、兔同笼，共19个头，52只脚，求各有几只？

这原是马先生说过，在混合比例中还要讲的。到了现在，平心而论，我已掌握它的算法了：先求混合比，再依按比分配的方法，把总数分开就行。

且先画图130吧。用纵线表示脚数，横线表示头数，A就指出19个头同52只脚。

图 130

连OA表示平均的脚数，做OB和OC分别表示兔和鸡的数目。又经过A作AD平行于OC，和OB交于D。

由D往下看到横线上，得E。OE指示7，是兔的只数；EF指出12，是鸡的只数。

计算的方法，虽然很简单，却不如作图法的简明：

| 平均脚数 $\frac{52}{19}$ (OA) | 每只的脚数 | 相 差 | 混合比 | | |
|---|---|---|---|---|---|
| | 鸡 2 (OC) | 少 $\frac{14}{19}$（下） | $\frac{24}{19}$ | 24 | 12 |
| | 兔 4 (OB) | 多 $\frac{24}{19}$（上） | $\frac{14}{19}$ | 14 | 7 |

在这里，因为混合比的两项12同7的和正是19，所以用不着再计算一次按比分配了。

例二：上、中、下三种酒，每斤的价格是3.5角、3角和2角。要混合成每斤2.5角的酒100斤，每种各需多少？

如图131所示，作OA、OB、OC和OD分别表示每斤价格2.5角、3.5角、3角和2角的酒。这个图正好表出：上种酒损1角，BA；中种酒损5分，CA；而下种酒益5分，DA。因而混合比是：

$$
\begin{matrix} 上 & 中 & 下 \\ 5 : & 10 \\ & 5:5 \end{matrix} \Big\} 即 \quad \begin{matrix} 上 & 中 & 下 \\ 1 : & 2 \\ & 1:1 \end{matrix} \Big\} 即 1:1:3
$$

依照这个比，在右边纵线上取1和3，经过1和3作线平行于OA，交横线于80和40。从80到100是20，从40到100是60。即上酒20斤、中酒20斤、下酒60斤。

算法和前面一样，不过最后需要按照1∶1∶3的比分配100斤罢了。所以，本不想把式子写出来。但是，马先生却问："这个结果自然是对的了，还有别的分配法吗？"

图 131

为了回答这个问题，只得将式子写出来。

| 平均价<br>2.5角($OA$) | 原 价 | 损 益 | 混合比 | | | |
|---|---|---|---|---|---|---|
| | 上3.5角($OB$) | −1.0角（$BA$上） | 5（$OA$) | | 5 | 1 |
| | 中3.0角($OC$) | −0.5角（$CA$上） | | 5（$CA$) | 5 | 1 |
| | 下2.0角($OD$) | +0.5角（$DA$下） | 10（$BA$) | 5（$CA$) | 15 | 3 |

混合比仍是1∶1∶3，把100斤分配下来，自然仍是20斤、20斤和60斤了，还有什么疑问呢？

不！但是不！马先生说："比是活动的，在这里，上比下和中比下，各为5∶10和5∶5，也就是1∶2和1∶1。从根本上讲，只要按照这两个比，分别取出各种酒相混合，损益都正好相抵消而合于平均价，所以：（1）和（2）是已用过的，（3）（4）（5）

和（6）都可得出答数来。”

| 混合比 | (1) | | | (2) | | | (3) | | | (4) | | | (5) | | | (6) | | | (7) | | |
|---|---|---|---|---|---|---|---|---|---|---|---|---|---|---|---|---|---|---|---|---|---|
| 上 | 5 | 5 | | 1 | 1 | | 1 | | 2 | 2 | | 3 | 3 | | 6 | 6 | | 7 | 7 | | |
| 中 | | 5 | 5 | | 1 | 1 | 11 | 11 | | 7 | 7 | | 8 | 8 | | 1 | 1 | | 2 | 2 | |
| 下 | 10 | 5 | 15 | 2 | 1 | 3 | 2 | 11 | 13 | 4 | 7 | 11 | 6 | 8 | 14 | 12 | 1 | 13 | 14 | 2 | 16 |

是的，由（3），2、7、11的和是20，所以：

上100斤 × $\frac{2}{20}$ = 10斤，中100斤 × $\frac{7}{20}$ = 35斤，下100斤 × $\frac{11}{20}$ = 55斤。

由（4），3、8、14的和是25，所以：

上100斤 × $\frac{3}{25}$ = 12斤，中100斤 × $\frac{8}{25}$ = 32斤，下100斤 × $\frac{14}{25}$ = 56斤。

由（5），6、1、13的和是20，所以：

上100斤 × $\frac{6}{20}$ = 30斤，中100斤 × $\frac{1}{20}$ = 5斤，下100斤 × $\frac{13}{20}$ = 65斤。

由（6），7、2、16的和是25，所以：

上100斤 × $\frac{7}{25}$ = 28斤，中100斤 × $\frac{2}{25}$ = 8斤，下100斤 × $\frac{16}{25}$ = 64斤。

“除了这几种，还有没有呢？”我正怀着这个疑问，马先生却问了出来，但是没有人回答。后来，他说有，但还有个根本的问题要先解决。

又是什么问题呢？马先生问：“你们就这几个例看，能得出什么结果呢？”

“各个连比三次的和，是5（2）、20[（4）和（6）]、25[（1）

（3）和（5）]，都是100的约数。"王有道说。

"这就是根本问题。"马先生说，"因为我们要的是整数的答数，所以这些数就应除得尽100。"

"那么，能够配来合用的比，只有这么多了吗？"周学敏问。

"不只这些，不过配成各项的和是5或20或25的，只有这么多了。"马先生回答。

"怎么知道的呢？"周学敏追问。

"那是一步一步推算的结果。"马先生说，"现在你仔细看前面的六个连比。把（2）做基本，因为它是最简单的一个。在（2）中，我们又用上和下的比1：2做基本，将它的形式改变。再把中和下的比1：1也跟着改变，来凑成三项的和是5，或20或25。例如，用2去乘这两项，得2：4，它们的和是6。20减去6剩14，折半是7，就用7乘第二个比的两项，这样就是（4）。"

"用2乘第一个比的两项，得2：4，它们的和是6。第二个比的两项，也用2去乘，得2：2，它们的和是4。连比变成2：2：6，三项的和是10，也能除尽100。为什么不用这一个连比呢？"王有道问。

"不是不用，是可以不用。因为2：2：6和（1）的5：5：15同着（2）的1：1：3是相同的。由此可以看出，乘第一个比的两项所用的数，必须和乘第二比的两项所用的数不同，结果才不同。"

马先生回答后，王有道又说："你们索性再进一步探究。第一个比1：2，两项的和是3，是一个奇数。第二个比1：1，两项的和是2，是一个偶数。所以，第一个比的两项，无论用什么数（整数）去乘，它们的和总是3的倍数。并且，乘数是奇数，这个和也是奇数；乘数是偶数，它也是偶数。再说奇数加偶数是奇数，偶数加偶数仍然是偶数。"

跟着这几个法则，我们来检查上面的（3）（5）（6）（7）四种混合比。

（3）的第一个比的两项没有变，就算是用1去乘，结果两项的和是奇数，所以连比三项的和也只能是奇数，它就只能是25。

（5）的第一个比的两项，是用3去乘的，结果两项的和是奇数，所以连比三项的和也只能是奇数，它就只能是25。

在这里，要注意，如果用4去乘第一个比的两项，结果它们的和是12，只能也用4去乘第二个比的两项，使它成4：4，而连比成为4：4：12，这和（1）同（2）一样。如果用5去乘第一个比的两项，不用说，得出来的就是（1）了。

所以（6）的第一个比的两项是用6去乘的，结果它们的和是18，为偶数，所以连比三项的和只能是20。20减去18剩2，正是第二个比两项的和。

用7去乘第一个比的两项，结果，它们的和是21，是奇数，所以连比三项的和只能是25。25减去21剩4，折半得2，所以第二个比，应该变成2：2，这就是（7）。

假如用8以上的数去乘第一个比的两项，结果它们的和已在24以上，连比三项的和当然超过25。这就说明了配成连比三项的和是5或20或25的，只有（2）（3）（4）（5）（6）（7）六种。

"那么，这个题，也就只有这六种答案了？"一个同学问。

"不！我已经回答过周学敏。连比三项的和，合用的，还有什么？"马先生又问周学敏。

"50和100。"周学敏回答。

"对！那么，还有几种方法可以配合呢？"马先生又问。

"……"

"没有人能回答上来吗？这不是很方便吗？"马先生说，"其实也是很呆板的。第一个比变化后，两项的和总是3的倍数，这是第一点。（7）的第一个比两项的和已是21，这是第二点。50和100是偶数，所以变化下来的结果，第一个比两项的和必须是3的倍数，而又是偶数，这是第三点。由这三点去想吧！先从50起。"

"由第一、二点想，21以上50以下的数，有几个数是3的倍数？"马先生问。

"50减去21剩29，3除29可得9，一共有9个。"周学敏说。

"再由第三点看，只能用偶数，9个数中有几个可用？"

"21以后，第一个3的倍数是偶数。50前面，第一个3的倍数，也是偶数。所以有5个可用。"王有道说。

"不错。24，30，36，42和48，正好5个。"我一个一个地想了出来。

"那么，连比三项的和，配成这五个数，都合用吗？"马先生问。

大概这中间又有什么问题了。我就把五个连比都做了出来。结果，真是有问题。

第一：用10乘第一个比的两项，得10：20，它们的和是30。50减去30剩20，折半得10，连比便成了10：10：30，等于1：1：3，同（2）是一样的。

第二：用14乘第一个比的两项，得14：28，它们的和是42。50减去42剩8，折半得4，连比便成了14：4：32，等于

7∶2∶16，同（7）一样。

我将这个结果告诉了马先生，他便说："可见得，只有三种方法可配合了。连同上面的六种，（1）和（2）只是一种，一共不过九种。此外，就没有了吗？"

我觉得，这倒很有意思。把九种比写出来一看，除前面的（2），它是做基本的以外，其余都是用一个数去乘（2）的第一个比的两项得出来的。这些乘数，依次是1，2，3，6，7，8，12和16。

用5，10或14做乘数的结果，都与这九种中的一种重复。用9，11，13或15去乘是不合用的。我正在玩味这些情况，突然周学敏大声说："马先生，不对！"

"怎么？你发现了什么？"马先生很诧异。

"前面的（4）和（6），第一个比两项的和都是偶数，不是也可以将连比配成三项的和都是50吗？"周学敏得意地说。

"好！你试试看。"马先生说，"这个漏洞你算发现了。"我觉得很奇怪，为什么马先生早没有注意到呢？

"（4）的第一个比，两项的和是6。50减去6剩44，折半是22，所以第二个比可变成22∶22，连比是2∶22∶26。"周学敏说。

"用2去约来看。"马先生说。

"是1∶11∶13。"周学敏说。

"这不是和（3）一样吗？"马先生说。周学敏却为难了。

接着，马先生又说："本来，这也应当探究的，再把那一个试试看。"我知道，这是他在安慰周学敏。其实周学敏的这种精神，我也佩服。

"（6）的第一个比，两项的和，是18。50减去18剩32，折半得16，所以连比是6：16：28。还是可用2去约，约下来是3：8：14，正和（5）一样。"周学敏连不合用的理由也说了出来。

"好！我们总算把这个问题，解析得很透彻了。周学敏的疑问虽然是对的，可惜他没抓住最主要的地方。他只看到前面的七种，不曾想到七种以外。这一点我本来就要提醒你们的。"

"假如用4去乘（2）的第一个比的两项，得的是4：8，它们的和便是12。50减去12剩38，折半是19。第二比是19：19。连比便是4：19：27。加上前面的九种一共有十种配合法。"

"这种探究，不过等于一种游戏。假如没有总数100的限制，混合的方法本来是无穷的。"

对于这样的探究，我觉得很有趣，就把各种结果抄在后面。

(1)

| 混 | 上 | 1 |   | 1 | 20斤 | 混 |
|---|---|---|---|---|---|---|
| 合 | 中 |   | 1 | 1 | 20斤 | 合 |
| 比 | 下 | 2 | 1 | 3 | 60斤 | 量 |

(2)

| 混 | 上 | 1 |   | 1 | 4斤 | 混 |
|---|---|---|---|---|---|---|
| 合 | 中 |   | 11 | 11 | 44斤 | 合 |
| 比 | 下 | 2 | 11 | 13 | 52斤 | 量 |

(3)

| 混 | 上 | 2 |   | 2 | 10斤 | 混 |
|---|---|---|---|---|---|---|
| 合 | 中 |   | 7 | 7 | 35斤 | 合 |
| 比 | 下 | 4 | 7 | 11 | 55斤 | 量 |

(4)

| 混 | 上 | 4 |   | 4 | 8斤 | 混 |
|---|---|---|---|---|---|---|
| 合 | 中 |   | 19 | 19 | 38斤 | 合 |
| 比 | 下 | 8 | 19 | 27 | 54斤 | 量 |

(5)

| 混合比 | | | | | 混合量 |
|---|---|---|---|---|---|
| | 上 | 3 | | 3 | 12斤 |
| | 中 | | 8 | 8 | 32斤 |
| | 下 | 6 | 8 | 14 | 56斤 |

(6)

| 混合比 | | | | | 混合量 |
|---|---|---|---|---|---|
| | 上 | 6 | | 6 | 30斤 |
| | 中 | | 1 | 1 | 5斤 |
| | 下 | 12 | 1 | 13 | 65斤 |

(7)

| 混合比 | | | | | 混合量 |
|---|---|---|---|---|---|
| | 上 | 7 | | 7 | 28斤 |
| | 中 | | 2 | 2 | 8斤 |
| | 下 | 14 | 2 | 16 | 64斤 |

(8)

| 混合比 | | | | | 混合量 |
|---|---|---|---|---|---|
| | 上 | 8 | | 8 | 16斤 |
| | 中 | | 13 | 13 | 26斤 |
| | 下 | 16 | 13 | 29 | 58斤 |

(9)

| 混合比 | | | | | 混合量 |
|---|---|---|---|---|---|
| | 上 | 12 | | 12 | 24斤 |
| | 中 | | 7 | 7 | 14斤 |
| | 下 | 24 | 7 | 31 | 62斤 |

(10)

| 混合比 | | | | | 混合量 |
|---|---|---|---|---|---|
| | 上 | 16 | | 16 | 32斤 |
| | 中 | | 1 | 1 | 2斤 |
| | 下 | 32 | 1 | 33 | 66斤 |

"但是，连比三项的和是100的呢？"一个同学问马先生。

"这也应该探究一番，一不做二不休，干脆尽兴吧！从哪里下手呢？"马先生说。

"就和刚才一样，先找100以内的3的倍数，而且又是偶数的。3除100可得33，就是一共有33个3的倍数。第一个3和末一个99都是奇数。所以，100以内，只有16个3的倍数是偶数。"周学敏回答得清楚极了。

"那么，混合的方法，是不是就有16种呢？"马先生又提出了问题。

"只好一个一个地做出来看了。"我说。

"那倒不必这么老实。例如，第一个比两项的和是3的倍数又是偶数，还是4的倍数的，大半就不必要。"马先生提出的这个条件，我还不明白是什么原因。我便追问："为什么？"

"王有道，你试着解释看。"马先生叫王有道。

"因为：第一，100本是4的倍数。第二，第二个比总是由100减去第一个比的两项的和，折半得出来的，所以至少第二比的两项都是2的倍数。第三，这样合成的连比，三项都是2的倍数。用2去约，结果三项的和就在50以内，与前面用过的便重复了。

"例如24，如果第一个比为8：16。100减去24，剩76，折半是38，第二个比是38：38。连比便是8：38：54，等于4：19：27。"王有道的解释，我明白了。

"照这样说起来，16个数中，有几个不必要的呢？"马先生问。

"同时是3和4的倍数，也就是12的倍数。100用12去除，可得8。所以有8个是不必要的。"王有道想得真周到。

"剩下的8个数中，还有不合用的吗？"这个问题又把大家难住了。还是马先生来提示：

"30的倍数，也是不必要的。"

这很容易考察，100以内30的倍数，只有30、60和90这三个。60又是12的倍数，依前面的说法，已不必要了，只剩30和90。它们与100同样都是5和10的倍数。100和它们的差，当然是10的倍数，折半后便是5的倍数。

两个比的各项同是5的倍数，它们合成连比的三项自然都可用5去约。结果这两个连比三项的和都成了20，也重复了。所以8个当中又只有6个可用，那就是：

(11)

| 混合比 | 上 | 2 | | 2 | 2斤 | 混合量 |
|---|---|---|---|---|---|---|
| | 中 | | 47 | 47 | 47斤 | |
| | 下 | 4 | 47 | 51 | 51斤 | |

(12)

| 混合比 | 上 | 6 | | 6 | 6斤 | 混合量 |
|---|---|---|---|---|---|---|
| | 中 | | 41 | 41 | 41斤 | |
| | 下 | 12 | 41 | 53 | 53斤 | |

(13)

| 混合比 | 上 | 14 | | 14 | 14斤 | 混合量 |
|---|---|---|---|---|---|---|
| | 中 | | 29 | 29 | 29斤 | |
| | 下 | 28 | 29 | 57 | 57斤 | |

(14)

| 混合比 | 上 | 18 | | 18 | 18斤 | 混合量 |
|---|---|---|---|---|---|---|
| | 中 | | 23 | 23 | 23斤 | |
| | 下 | 36 | 23 | 59 | 59斤 | |

(15)

| 混合比 | 上 | 22 | | 22 | 22斤 | 混合量 |
|---|---|---|---|---|---|---|
| | 中 | | 17 | 17 | 17斤 | |
| | 下 | 44 | 17 | 61 | 61斤 | |

(16)

| 混合比 | 上 | 26 | | 26 | 26斤 | 混合量 |
|---|---|---|---|---|---|---|
| | 中 | | 11 | 11 | 11斤 | |
| | 下 | 52 | 11 | 63 | 63斤 | |

第四，知道了一部分的量，求混合量。

例六：每斤价格为8角、6角、5角的三种酒，混合成每斤价格为7角的酒。所用每斤价格为8角和6角酒的斤数比为3：1，怎样配合呢？

这很简单。如图132所示，先作$OA$表示每斤7角。然后作$OB$表示每斤8角，$B$正在纵线3上。从$B$作$BC$，表示每斤6角。$C$正在纵线4上。这样一来，两种斤数的比便是3：1，从$C$再作$CD$表示每斤5角。$CD$和$OA$交在纵线5上的$D$。

所以，三种的比就是：$OB_1 : B_1C_1 : C_1D_1 = 3 : 1 : 1$。

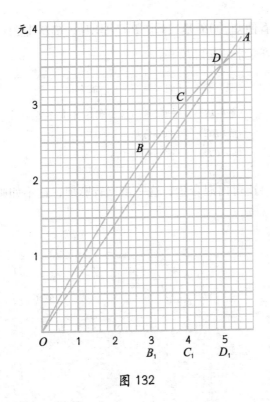

图 132

试把计算法和它对照：

| 平均价7角（*OA*） | 原　价 | 损　益 | | 混合比 |
|---|---|---|---|---|
| | 8角（*OB*） | −1角 | 2　　1 | 3（*OB₁*） |
| | 6角（*BC*） | +1角 | 1 | 1（*B₁C₁*） |
| | 5角（*CD*） | +2角 | 1 | 1（*C₁D₁*） |

例七：每斤价格5角、4角、3角3个品种的白酒，如果要混合成每斤价格4.5角的酒，5的酒用11斤，4角的酒用5斤，那么3角的酒要用多少斤呢？

本题的作图法，和前一题的，除所表的数目外，完全相同。

由图上一看便知，$OB_1$是11斤、$B_1C_1$是5斤、$C_1D_1$是2斤。和计算法比较，算起来还是麻烦些。

| 平均价 | 原　价 | 损　益 | 混合比 | | | | 混合量 | | |
|---|---|---|---|---|---|---|---|---|---|
| 4.5角（OA） | 5角（OB） | −0.5角 | 1.5 | 0.5 | 3 1 | 3 5 | 6斤 5斤 | | 11斤 |
| | 4角（BC） | +0.5角 | | 0.5 | 1 | 5 | | 5斤 | 5斤 |
| | 3角（CD） | +1.5角 | 0.5 | | 1 | 1 | 2斤 | | 2斤 |

　　由混合比得出混合量，这一步比较麻烦，远不如画图133来得直接、痛快。

图 133

先要依照题目上所给的数量来观察，4角的酒是5斤，就用5去乘第二个比的两项。5角的酒是11斤，但是有5斤已确定了，11减去5剩6，它是第一个比第一项的2倍，所以用2去乘第一个比的两项。这就得混合量中的第一项。结果，三种酒依次是11斤、5斤、2斤。

例八：将三种酒混合，其中两种的总价是9元，合占15升。第三种酒每升价格为3角，混成的酒，每升价格为4.5角，求第三种酒的升数。

"两种酒既然有了总价9元和总量15升，这就等于一种了。"马先生说。

明白了这一点，还有什么难的呢？

如图134所示，作$OA$表示每升价4.5角的。$OB$表示15升价9元的。从$B$作直线$BC$，表示每升价3角的。它和$OA$交于$C$。图中，$OB_1$指15升，$OC_1$指30升。$OC_1$减去$OB_1$剩$BC_1$，指15升，这就是所求的。

图 134

照这个做法来计算，便是：

| 平均价4.5角（*OA*） | 原　价 | 损　益 | 混合比 |
|---|---|---|---|
| | $\dfrac{90}{15}$角（*OB*） | −1.5角 | 15（*OB₁*） |
| | 3角（*BC*） | +1.5角 | 15（*B₁C₁*） |

这个题目算完以后，马先生在讲台上，对着我们静静地站了两分钟："李大成，你近来对算学的兴趣怎样？"

"觉得很浓厚。"我不由自主地、很恭敬地回答。

"这就好了，你可以相信，数学也是人人能领受的了。暑假快要结束了，你们也应当把各种功课都整理一下。我们的谈话，就到这一次为止。"

"我希望你们不要偏爱数学，无论哪门功课，都不要怕它！你们不怕它，它就怕你们。求知识，要紧！精神的修养，更要紧！"

马先生的话停住了，静静地，大家都在用永不满足的眼神望着他。这是对知识和趣味无限渴望的眼神啊！